土的切削与推运

U0255177

贺雨田　吕彭民　著

中国石化出版社

内 容 提 要

　　本书以工程实际为切入点，对土的切削推运机理进行理论分析；针对土的切削和推运作业过程，提出铲刀结构设计的基本方案，以设计铲刀为作业工具，在土的不同物理特性条件下，对铲刀与土的相互作用关系开展相关试验研究；结合工作装置的结构特点，对工作阻力的测量方法进行了介绍。

　　本书可作为土方机械设计人员、土的切削作业研究人员、铲刀与土壤相互作用关系研究人员的参考资料，也可作为高等院校机械工程、土方工程等专业教师、高年级本科生、研究生的参考用书。

图书在版编目(CIP)数据

土的切削与推运 / 贺雨田，吕彭民著 . —北京：
中国石化出版社，2021.3
ISBN 978 - 7 - 5114 - 6232 - 9

Ⅰ.①土… Ⅱ.①贺…②吕… Ⅲ.①铲土运输机械-研究 Ⅳ.①TU62

中国版本图书馆 CIP 数据核字(2021)第 076000 号

中国石化出版社出版发行
地址:北京市东城区安定门外大街 58 号
邮编:100011　电话:(010)57512500
发行部电话:(010)57512575
http://www.sinopec-press.com
E-mail:press@sinopec.com
北京捷迅佳彩印刷有限公司印刷
全国各地新华书店经销
*
710×1000 毫米 16 开本 9.25 印张 134 千字
2021 年 4 月第 1 版　2021 年 4 月第 1 次印刷
定价:48.00 元

前　言

在各类基础工程的实际作业过程中，对土的作业必不可少，而对土的切削与推运是常见的表现形式。针对土的切削与推运作业，其作业机械与土的相互作用关系非常复杂，相互作用的影响因素很多。通过避免不利因素对土的切削与推运的影响，使铲刀结构、切削过程和切削方式得到进一步优化，这对于工程应用来说不仅非常实用，而且还可以减少土的切削与推运的能耗需求。

一般来说，对土的切削与推运过程的改善主要以减小工作阻力为目的，已有研究证明，通过对铲刀进行结构改进可以改善土的切削与推运。本书通过试验验证，对推土机推土作业过程的铲刀结构进行设计改进，实现减小切削阻力，改善切削稳定性，提高切削效率的目的。土的切削与推运工具的形式很多，但大多切削与推运工具的形式都是曲面结构，无论何种形式的作业工具，其应用都是以试验为基础的。通过试验对比，进一步验证铲刀结构改进对土的切削与推运的有益效果。针对工程实际，改进铲刀结构一般按照从简单到复杂的总体思路进行。

平面铲刀作为具有代表性的土的切削与推运工具，具有结构简单、便于分析的特点，在土的切削与推运作业，特别是试验验证中得到广泛应用。分析土的切削与推运过程的影响因素，按照影响方式的差异，从内、外因的角度进行探讨。通过试验验证，研究切削深度、切削倾角、水平铲刀长度等外因对铲刀切削土的影响规律；结合工程实际，通过分析主要影响因素改进土的切削与推运过程，从而进一步简化切削过程的理论分析过程，建立平面铲刀切削阻力理论模型，并与实测值进行对比研究。

对平面铲刀进行最简单的结构改进方法就是在其刃缘加装水平铲刀，对比加装水平铲刀后，铲刀结构是否对土的切削与推运有益，并进一步探索有益效果的影响范围。水平铲刀长度对土的切削与推运阻力的影响规律如何变化，其本质是实现不同铲刀结构之间切削阻力的可量化比较。

不同铲刀结构的切削试验对比研究比较常见，但铲刀结构的设计通常受设计者主观因素的影响。在诸多研究中，并未明确指出以何种变化规律进行设计，比如不同圆弧半径结构的铲刀，或者一些仿生结构，均是根据已有几何形状进行模拟，在切削过程中未考虑一些相关因素的影响，针对相近刃缘条件下的土的切削与推运试验，规定了刃缘的位置，在这一前提下，对不同铲刀结构进行试验对比，研究不同结构铲刀的切削刃缘位置是否会对切削过程产生影响，并对比切削刃缘位置在相同条件下，不同铲刀结构的切削阻力的关系，探索用简单结构铲刀切削阻力等效复杂铲刀结构切削阻力的方法。

此外，土被切削和推运后呈现离散特征，在不破坏土流动后形成的几何形态下，设计土流动几何形态的测试装置；分析平面铲刀前方切削土与推运土的流动规律，切削土所形成土堆的几何特征及其变化规律，以及被切削土所形成土堆的几何特征及其变化规律；提出铲刀前土堆积质量，即土推运质量的估算方法。

本书的第 1 章、第 8 章由吕彭民教授编写（约 2 万字），第 2 章～第 7 章由贺雨田博士编写（约 11.4 万字），吕彭民教授对全书进行统稿审定。桂发君、吴金林、关泽强、雷江、裴鹏超、李申申、李鑫、吴玉文、王宝刚、赵鹏华、晨光、向清怡等参加了相应的试验研究和文字、图片编撰工作，在此，对他们表示衷心的感谢。作者在本书中引用了大量国内外公开发表的关于土力学、岩石力学和地面力学等教材、专著和论文文献，在此，对引用文献中的所有作者表示衷心的感谢。

由于作者知识水平的局限，书中的理论和观点很可能存在不妥之处，敬请广大读者和同行专家进行指正。

目　录

I

土的切削与推运作业过程

1.1　引言

土是人类赖以生存的基础[1]。从农耕文明诞生到现代工业文明的不断发展，人类与土始终有着无法割舍的情怀。从农业种植到围海造田，从土木兴建到矿产开采，从钻井勘探到道路施工，人类对自然改造的很多方面都集中在对土的深度利用上[2]。要利用土，就首先需要对土进行切削和推运，因此，土的切削和推运是利用土的前提。土的切削和推运在工程施工和作业中比较常见，如公路工程中的推土作业，石油工程中的钻探作业，建筑施工中的土方挖掘，农业耕种的土松软，水利工程的开挖沟渠等，虽然表现形式多种多样、纷繁复杂，但本质上就是对土的推、铲、运、挖、耕、犁、钻等作业方式。

特别是随着社会工业化的不断进步，机械化施工已成为土的切削和推运的主要作业形式，因此，切削和推运机械在土作业中得到了广泛应用。采用机械对土进行作业，不仅可以提高作业效率，而且可以节约大量人工劳动力。切削和推运机械的类型和功能也不断向多元化方向发展，常见的有推土机、挖掘机、装载机、钻井机、盾构机、犁地机、松土机、开沟机和起垄机等。比较这些机械对土的作业过程可以发现，当作业目的不同时，机械采用不同的土作业方式，虽然形式上机械与土的相互作用存在一定差异，但作业过程存在显著共性，就是机械与土的相互作用过程始终伴随着切削工具对土切削和推运作业过程[3]。

由于土的切削与推运需要消耗大量的能源[4]，而在当前能源供给不断紧缩的社会背景下，又显著地突出了效率与节约之间的矛盾，即如何改善机械的作业性能，实现节能降耗，仍需要从切削过程的本源上寻找突破。在土的切削与推运过程中，主要的能源消耗是由铲刀对土的切削与推运作业和推运作业所需切削阻力引起的，因此，通过减小土的切削与推运过程的切削阻力，实现提高效率、降低能耗的目的，成为诸多科研工作者的重要研究方向[5]。

目前，土的切削与推运类机械装备在大力推进标准化，与此同时，也不断向大型化、复杂化、综合化、功能多元化发展。如工程建设应用的大吨位推土机、矿山用正铲大型挖掘机、大型装载机等，这类设备由于成本高、加工制造复杂，无法开展系统的土的切削与推运试验研究。而这一设计过程，往往是根据经典的结构强度理论对机械进行的，先满足静强度条件，然后选择较大的安全系数以保证机械结构的可靠性。这样的设计方法存在诸多不完善之处：首先，外载荷的确定通常采用经验公式；其次，机械的作业能耗远大于土的切削与推运实际所需的作业能耗；再次，没有考虑土作业过程是随机过程的特点；最后，机械的静强度与动强度的设计也不匹配。在上述不完善之处与土的切削与推运机械设计的诸多影响因素中，外载荷仍是阻碍设计的根本问题[6]。

一般地，外载荷的确定以现场测试为主，因此，对机械与土的相互作用关系开展研究，认识外载荷的影响规律，不仅可以探索土作业过程中节能降耗的有效途径，而且可以为土作业机械的结构改进提供更为可靠的设计思路和理论依据。通过对切削工具的结构改进，以理论研究为基础，采用试验验证和对比方法，深入分析土的切削与推运作业过程，探索减小土的切削与推运阻力和改善切削效率的有效方法，并进一步结合试验现象存在的共性，对机械与土的相互作用关系进行深入分析。

1.2　土的切削与推运作业方式

随着各类土方机械和耕种作业机械的不断发展，出现了形式多样的切削方式，按照不同机械运动轨迹的特点，对土的切削与推运过程可以分为三类：一是以直线运动为基础的土的切削与推运作业过程，具有代表性的机械有推土机、犁地机等，本文进行的土的切削与推运试验研究以这类机械的作业方式为主；二是以曲线运动为基础的土的切削与推运作业过程，如装载机、挖掘机等；三是以圆周运动为基础的土的切削与推运作业过程，如铣刨机、钻探械、掘进机等。虽然以曲线运动和圆周运动为基础的切削过程比较复杂，但其切削理论仍以直线切削理论为基础。

1.2.1　直线运动作业方式

这是一种较为简单，并且在工程施工和农业耕种中经常应用的作业方式，如图 1 − 1 所示。国内外诸多土的切削与推运模型和研究都是围绕这一作业方式进行的。工程中常见的铲运类机械是典型的以直线运动为基础的土的切削与推运机械，主要有推土机、平地机等，农业耕作中常用的犁地机、开沟机等也是属于此类特点的机械。

（1）推土机

推土机属于典型的土的切削与推运机械[112]。其可以实现土的松散和破坏、土的短距离推运，完成推土和卸土等工作，在场地平整、坑基开挖、物料回填、堆积松散材料、清除障碍物等方面有独特优势。推土机的铲刀可以沿垂直方向调整，切削倾角也有一定的变化范围，推土铲刀为弧形曲面，这些可变条件使推土机能不断改变铲刀姿态，实现稳定的土的切削与推运。虽然推土机的作业形式比较单一，但是其对土的切削与推运的过程具有代表性，一般作业包括土的切削与推运和土的推运过程。

(a)推土机　　　　　　　(b)平地机　　　　　　　(c)犁地机

图1-1　直线运动类土的切削与推运机械

（2）平地机

平地机在公路施工中被广泛应用，在平整路基、修筑边坡等方面有独特优势。其作业方式与推土机基本相似，主要差异在于平地机对土的作业深度较浅，作业运行速度相对较快，且对平整场地有较高的精度要求。

（3）犁地机

犁地机是农耕作业中非常典型的土的切削与推运机械，其作业过程的主要目的是松土，在切削过程中基本不存在土的推运。这类机械的切削工具形式较多，以窄板为主，理论研究中也经常涉及。

从作业形式上看，上述机械的作业过程存在一定差异，铲运类机械对土的切削姿态变化少，作业形式较为单一，工作装置在对土的切削过程中存在推拉两种方式，一种为推进牵引，另一种为拉拽牵引。工程类机械通常采用推进牵引，农耕类机械作业的主要目的就是松土，所以为了避免牵引机械对已松软的土进行压实，其作业装置通常位于车辆系统之后，行进方式为拉拽牵引。

1.2.2　曲线运动作业方式

挖掘机和装载机对土的切削作业主要是曲线运动方式，如图1-2所示。挖掘和装卸是挖掘机和装载机的两大主要功能，其中挖掘作业过程始终伴随有铲斗对土的切削作业，在各种施工作业中，特别是在复杂环境和条件下总能见到这两类机械的身影。挖掘装卸类机械由于存在举升、装卸和回转等过程，其作业过程与油缸的运动关系密切，因此其对土的作业是间断不连续的，其对土的部分作业过程属于挖掘作业，但其对土的切削本质仍是不变的。

(a)挖掘机　　　　　　　　　　　　　　　(b)装载机

图 1 - 2 　曲线运动类土的切削与推运机械

挖掘机与土的相互作用关系被广泛研究，如挖掘方式的路径优化[113]，作业过程挖掘阻力的计算等，这类相关研究必须以土的切削与推运为基础。比如，采用挖掘机进行直线开沟作业，铲刀切削边缘与运动方向始终保持垂直，在考虑切削效率和能量消耗的前提条件下，存在较优的切削方式。

对图 1 - 3 所示两种切削方式进行比较，图 1 - 3 (a)所示切削路径的挖掘能量利用率要优于图 1 - 3 (b)，因为图 1 - 3 (a)的挖掘能量基本全部用于土的切削破坏和填装举升作业。而图 1 - 3 (b)的挖掘方式由于铲斗充分填装产生土回流和对开沟边的挤压摩擦，所以使得挖掘机要消耗过多的额外能量[114]，因此，挖掘过程仍需要土的切削与推运研究成果作为理论支撑。

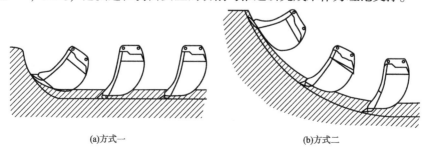

(a)方式一　　　　　　　　　　　　　　　(b)方式二

图 1 - 3 　挖掘机切削轨迹优化路径

1.2.3 圆周运动作业方式

图1-4所示机械均为以圆周运动为基础的土的切削与推运作业机械，在施工工程和农作工程中应用比较广泛。

(a)清淤机   (b)盾构机   (c)旋耕机

图1-4 圆周运动类土的切削与推运机械

（1）清淤机

斗式清淤机械由连续的斗链结构组成，在水下对土的切削作业是以圆周运动为基础，它完整的作业过程包括切削、输送和倾倒等过程。

（2）盾构机

盾构机的作业方式是整机沿轴线向前推进的同时，刀盘始终保持旋转，从而实现刀头对土的切削作业，因此，土的切削与推运仍是盾构机的作业基础。

（3）旋耕机

旋耕机械与犁地机等机械相比，以铣削原理对土进行作业，改变了对土直剪作业的传统方式，通过动力输出使切削工具连续旋转，可以充分利用输出动力。

上述三种切削方式的切削过程随着运动轨迹的变化而越来越复杂，其中以直线运动和圆周运动为基础的切削过程具有连续性，而以曲线运动为基础的切削，在实际作业过程中通常是间断的，需要进行反复的周期作业。但曲线和圆周运动的切削理论仍是以直线运动为基础的，因此，本文所研究的切削过程以直线运动下的土的切削与推运方式为作业方式。

1.3　土的切削与推运主要研究方法

针对土的切削与推运所开展的研究，主要有以下四个研究方法：一是试验及理论研究方法；二是以工程应用为目的的切削过程优化；三是基于有限元计算方法的应用研究；四是采用离散单元法的模拟仿真。

1.3.1　试验及理论方法研究

太沙基的土力学理论问世后，对土的切削理论产生了重要影响，特别是被动土压力理论，为土的切削与推运过程的理论和试验研究提供了基础。1952 年，Kawamura[25]以斜铲刀为研究对象，对影响土的切削与推运的切削倾角、切削深度、切削平面形式等进行了研究；Payne[26,27]通过观察切削工具前端土向上的流动规律，对失效平面进行了假设，建立了土的切削与推运的三维模型；O'callaghan[28]基于 Payne 的模型，简化了切削过程失效平面的形式，但其对诸多影响因素的忽略使模型仍存在一定缺陷；Hettiaratchi 和 Reece[29]也建立了类似的模型；Hendrick 和 Gill[30]对高速切削下土的塑性变形和应力波在土中的传播进行了研究；Sharifat 和 Kushwaha[31]假设切削工具前存在一个圆形的影响区域，该区域里土颗粒的运动方向和速度取决于影响区域的位置，影响区域外的土颗粒不会发生运动；毛罕平等[32]研究了高速切削条件下土的变形和破坏规律，对切削机理和切削性能进行了探讨，为降低高速切削能耗提供了指导；Zhang 和 Kushwaha[33]以切削速度在切削过程中对切削阻力的影响为基础，通过试验的方法得到了使牵引力最小的最佳切削速度。

此外，Wismer[34]、McKyes[35]、Zeng[36]、Yong[37]、Harison[38]、Perumpral[39]、Swick[40]、Liu Yan[41]、Rajaram[42,43]、Sharma[44-46]、Wang[47]、Salokhe[48]、Makanga[49]、Jayasuriy[50]、Aluko[51]等也针对不同平面铲刀建立了土与作业工具相互作用的不同预测模型。R. Yousefi Moghaddam[52]通过切

削阻力测试评估土的物理参数，并设计了一个简单的测试装置。孙祖望等[53]建立了路拌式机械旋转刀具的动力学模型，将旋转过程中刀具与土的作用分为三个阶段并进行了试验研究，且对切削过程做了解析计算，得到了一种数学物理模拟方法。Shen和Kushwaha[54]把土假设为刚体，并将切削工具前的土按照破坏平面分为不同的部分，对于破坏平面的确定一般采用试验方法获得，而后对整个系统采用静力学方法分析了力的平衡问题。Xin Li和J. Michael Moshell[55]建立了土流动的动态模型，模型以牛顿准则为基础，并考虑了土的物理特性，可对挖掘、切削、倾倒等土流动的演变过程进行计算。张招祥等[56]和鲍继武等[57]在考虑切削速度、切削深度和切削倾角的基础上，对冻土进行了切削试验研究。部分上述模型在目前的土的切削与推运研究中仍被广泛应用。

1.3.2　应用研究

Miedema[58-62]针对清淤工程中，铲刀对饱和土的切削进行了大量的试验研究。Ren[63]利用蝼蛄等动物前爪的几何外形，进行结构和功能仿生，并对切削降阻和减少黏附进行了研究。Wenfeng Ji[64]等对麝鼹第二齿的几何结构进行了模拟。王耀华[65]分析了土的可切削性。陈国安[66]探讨了不同参数对土挖掘的影响。陈进等[67,68]对正铲挖掘机不同姿态下挖掘阻力的变化规律进行了分析，对影响挖掘阻力的主要因素进行了探讨。王久聪等[69]对正铲挖掘机作业过程的挖掘阻力进行了试验研究，并根据回归分析拟合出了挖掘阻力的数学模型。

美国航空航天局(NASA)[70]在土的切削与推运方面也进行了大量的研究，对此开展的相关研究值得关注，这与他们的太空计划关系密切，目的是为了使所设计的可以在火星和月球上开展土的切削与推运工作的宇航车满足成本低、质量轻、可靠性高等要求，因此研究者倾注了大量的心血，其中土的切削与推运的研究成果值得借鉴。Gerald B. Sanders[71]、Allen Wilkinson[72]、Michael Bucek[73]、Juan H. Agui[74]、Paul J. van Susante[75]、K. Johnson[76]、Alex Green[77]等以模拟的月球土为对象，以减小挖掘过程中机械与土相互作用的剪切应力为目的,对冲击条件下的挖掘进行了试验研究。冯忠绪等[78]从振动压实的逆向思维出发,对采用振动切削进行降阻的方法进行了探讨,提及了早期德国和美国对振动切削的探索思路,但当时土机械的总体设计并未对该方法进行系统思考。日本的一些学者也在这方面进行了有益探索[79,80]。殷涌光等[81]以装载机为研究对象,利用推土方向和垂直推土方向的二维振动切削,探索了减小切削阻力的途径。William Richardson-Little[82]建立了铲斗与土作用关系的流变理论模型。中南大学的朱建新等[83-85]研究了振动掘削减阻机理,通过试验和仿真总结了振动掘削使挖掘阻力降低的原因。

从应用角度看,振动切削是一个有益的探索方向,但振动也存在一个问题,就是振动对机械结构的影响,以及作业人员的适应性问题是无法回避的。

1.3.3　有限元计算的应用

有限元方法可应用于切削阻力、应力分布、失效形式等土的切削与推运结果的计算,特别是对不易开展试验研究的土的切削与推运过程有一定优势。但有限元计算方法本身的缺陷在于无法真实模拟土这类非弹性体,需要做大量的等效假设,图 1-5 为土的切削与推运有限元模型。

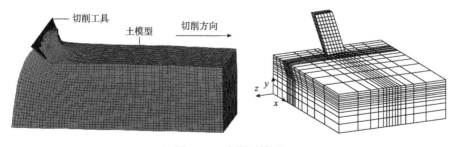

图 1-5　有限元模型

Subrata Karmakar[86]在数值计算中考虑了切削过程中土的动态特性,第一次采用 CFD 方法对不同的土特性进行了数值计算。H. Bentaher 等[87],Ahad Armin 等[88]按 D-P 土本构关系,假设为土弹塑性模型,对土的切削与推运模型分离过程和切削阻力进行了有限元分析。A. A. Tagar[89]将有限元计算和实验室沙箱试验与实地试验进行比较，认为有限元计算的结果与实地试验是相近的。国内一些农林类院校[90-94]，在试验研究的基础上，开展了大量土与切削工具间相互作用关系的有限元分析。

1.3.4 离散单元法

由于可以获得高逼真度的土与切削工具的相互作用模型，离散单元法（DEM）在近些年得到了广泛的应用，并且可以设计不同几何形状的切削工具模拟切削过程的土流动情况，离散单元模型如图 1－6 所示。Shmulevich[95]对圆弧面、二次曲面、垂直面和斜面四种铲刀的端面结构进行了 DEM 分析，并与实测试验进行了对比，模拟和试验的一致性较好，发现土在铲刀齿尖的流动会影响作用在铲刀上的垂直阻力。J. Mak 和 Y. Chen[96]探讨了 DEM 计算参数的确定方法。Ikuya[97]设计了 6 种不同的 DEM 单元形状，研究单元形状对 3D 窄平面铲刀切削阻力的影响。Elvis López Bravo[98]通过统计回归方程对杨氏模量、剪切强度、土摩擦角和内聚力进行了估计，对土的切削与推运采用 DEM 模拟和试验方法，得出土的运动形态和作用力的分布与切削工具的几何形状有关。南非学者 C. J. Coetzee[99-101]采用 DME 对谷物在机械作用下的流动分布和铲刀与谷物的作用力进行研究，发现颗粒刚度对计算结果影响比较大。Martin Obermayr[102]和 T. Tsuji[69]分别采用碎石和玻璃粒为研究对象，对切削力进行了模拟计算。

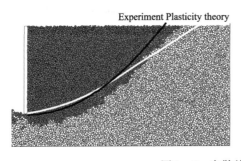
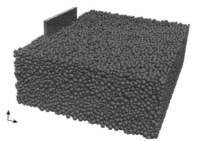

图 1－6　离散单元模型

此外，国内早期的一部分学者以土为研究对象得到的结论更适用于我国的实际状况。比如潘君拯[104]利用 Bulgers 模型，在考虑土的组成、含水量和容重的前提下，绘制出流变型土应力 - 应变 - 时间图，以指导行走装置和切削元件与土作用关系的研究。钱定华和张际先等[105-107]对土和固体材料的黏附和摩擦问题进行了理论和试验研究，认为土的含水量、固体表面正压力及加压时间、土的物理及化学性质、固体材料的性能及粗糙度、接触表面的温度以及相对滑动速度均存在一定关系。其中含水量的影响比较显著，在含水量较低和较高的情况下，黏附现象和摩擦阻力较小，正压力的影响受机械以及工作装置几何结构等客观原因的限制，对材料的表面性能进行一定的工艺处理，便可改善黏附和摩擦情况，但材料表面粗糙度与土的黏附和摩擦关系相同，因此粗糙度与二者的关系存在最优值。姚践谦[108,109]针对沙土、石粒、矿块离散结构土，从散体极限平衡理论出发，推导出了装载设备的铲取阻力的理论公式，并针对楔形块插入土进行了试验研究，采用概率统计理论研究了不同情况下插入阻力的规律。

　　这些研究倾注了研究者的大量心血，从总体研究方法来看，试验和理论相结合的方式是较为可靠的，大多数研究人员也主要采取了这样的方式。因此，开展土的切削与推运试验采用理论和试验相结合的方法，通过探索最小切削阻力的最优铲刀结构，进一步认识并深入研究机械与土之间的相互作用关系。

1.4　土的切削与推运影响因素

1.4.1　主要影响因素

　　开展土的切削与推运的研究必须以某个影响因素为变量，需要系统地分析土的切削与推运的影响因素。其实环境、气候、地域、铲刀结构以及其他诸多因素都会对土的切削与推运过程产生不同程度的影响，对影响因素的特征进行归类，可以将其分为两大类：一类是由土内在的物理特性决定的内因，如抗剪强度、密度、摩擦角、内聚力和含水量等，这类研究侧重于切削对象。另一类是由机械与土的相互作用关系决定的外因，包括切削倾角、切削深度、切削宽度、切削速度和铲刀材料等，改变这类影响因素的参数比较容易实现，而且同一外因条件下可对比性显著，因此，不少土的切削与推运研究围绕外因开展。

土的切削与推运以与推土机作业目的类似的机械为代表，此类机械对土作业包括两个作业过程：一是铲刀插入地面以下部分对土的切削过程；二是铲刀地面以上部分对土的推运过程。在进行切削试验研究时，忽略内因对土的切削与推运过程的影响，将其均视为恒定因素，首先以平面铲刀为切削工具，从外因的几个主要影响因素入手，在切削宽度和切削速度设置为定值的基础上，研究切削深度和切削倾角对切削阻力的影响。

1.4.2　铲刀结构的影响

切削工具的形式是影响土的切削与推运力的关键因素，其余的因素需在该条件确定的前提下进一步讨论。从这一思路出发，图1-7给出的四种铲刀结构对铲刀触土面的形状进行了设计。但这样的铲刀结构设计方式受研究人员主观因素影响较大，为什么设计这样的结构进行对比并没有明确的理论依据。因此，需要探索平面铲刀结构改进的方式，从而能更好地实现土的切削与推运。

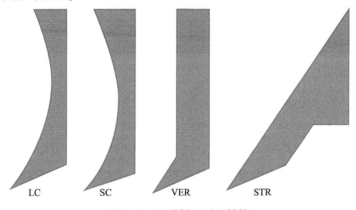

LC　　　SC　　　VER　　　STR

图1-7　四种铲刀对比结构

如何进一步研究铲刀结构改进与土的切削与推运阻力的影响，受到了诸多农用切削工具的启发，农用切削工具结构特点如图 1 – 8 所示。从图中可以看出，为减小切削阻力，农用切削工具通常充分利用前端和侧翼刀缘对土的直剪作业，从而达到松土目的。此类切削工具的触土曲线从侧视图观测，与抛物线的线型结构类似，因此，这样的切削工具结构在土的切削与推运过程中有明显的优点。

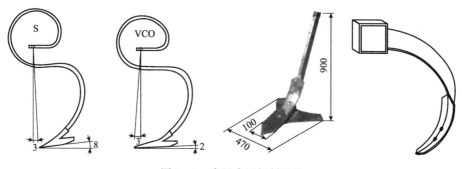

图 1 – 8　常见农用切削工具

基于农用切削工具结构的特点，土方施工作业机械的铲刀也会采用类似结构，如圆弧曲面结构、二次曲面结构、抛物线曲面结构，这类铲刀结构通常都有后角，从而保证铲刀沿垂向的入土性能，如图 1 – 9 所示。但这样不同曲面的铲刀，其差异主要体现在铲刀结构上，铲刀结构无法量化，因此，不同结构铲刀之间并没有相同的比较参数。

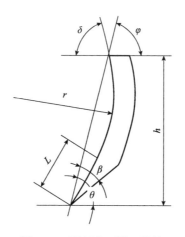

图 1 – 9　圆弧曲面铲刀结构

1.4.3 其他因素的影响

对曲面结构的铲刀进行抽象简化，在平面铲刀刃缘加装了水平铲刀，将平面铲刀变成一个直角铲刀，因此，平面铲刀对工作阻力也会产生影响。当其他切削条件不变，只有 L 型铲刀的水平铲刀长度改变时，不同铲刀结构被水平铲刀长度改变所量化，便实现了不同铲刀结构切削阻力的比较。因此，可以进一步比较不同铲刀结构间切削阻力的变化规律。L 型铲刀是以试验为目的抽象出来的结构，并给出了一种实际应用的原理图，作为一种工程应用设想，如何保证入土并实现以 L 型铲刀为结构的切削过程，如何设计更为合理的 L 型铲刀实际工程应用结构并实现切削阻力改善的目的，还需要进行一些实践和探索。

进一步改进 L 型铲刀结构，通过对 L 型铲刀垂直板进行合理折弯，当折弯的数量足够多时，可以变形出 C 型铲刀。C 型铲刀是推土类土的切削与推运机械常用的铲刀结构，具有一定的代表性。通过试验研究对比 C 型铲刀与 I 型铲刀切削阻力的变化规律，进一步探索不同铲刀结构之间切削阻力的关系。利用切削能效可以评价土的切削与推运过程的能源利用效率，通过试验设计和对比研究，进一步探索最佳切削能效的铲刀结构，从而达到切削作业能量充分利用的目的。C 型铲刀所包络的铲刀结构是一个较大范围，进一步开展不同 C 型铲刀结构在切削刃缘位置相同条件下的研究，比较铲刀结构对切削阻力的影响，并研究不同铲刀结构土壤推送质量变化规律，达到优选合理结构的目的，为推运和切削机械的结构设计提供理论指导。

土的物理特性

2

土的结构组成变化形式较多，从而导致土的物理特性非常复杂。因此，对土进行切削与推运作业时，需要考虑的影响因素较多。此外，土的切削与推运作业形式也较多，不同机械有不同的作业目的，需要不同切削模型作为研究的理论指导。本章将对土的组成和物理性质做简要介绍，指出不同切削作业方式的差异。

2.1 土的形成与结构

2.1.1 土的形成

地球表面的整体岩石，长期经受各种风化作用(包括物理风化、化学风化和生物风化)而破碎，形成了形状不同、大小各异的颗粒。这些颗粒在自然力的作用下，以不同的搬运方式，在不同的自然环境下堆积下来，就形成了通常意义上所说的土。因此，土是岩石经过风化作用的产物，是大小不同的土粒按各种比例组成的没有胶结或胶结很弱的颗粒集合体。

一般而言，土的风化、搬运和堆积并非逻辑顺序为先后过程的简单关系，这三者是相互交融、往复循环的。即在土的搬运和堆积过程中，风化作用仍然在进行；并且随着土的不断风化，搬运与堆积往往反复经历了多次；与此同时，堆积下来的土也会发生复杂的物理化学变化，逐渐压密、岩化，并再次形成岩石。由于风化、剥蚀、搬运、堆积和岩化等过程交错反复，使自然对土的作用永无止境地重复进行着。再加上，不断发生的地壳运动和复杂多样的自然地理环境的影响，导致土的类型与物理性质千差万别。

2.1.2 土的主要特征

根据土的形成过程，在风化作用和自然条件的影响下，土有三个主要特征：一是碎散性；二是三相性；三是天然性。

（1）碎散性

碎散性是指土颗粒之间存在着大量的孔隙，可以透水和透气。这主要由物理风化(岩石和土的粗颗粒受各种气候因素的影响，导致体积胀缩而发生裂缝，或者在运动过程中因碰撞和摩擦而破碎)导致，物理风化使大块岩体变成了碎散颗粒。因此，土属于非连续介质，在受到外力作用时，颗粒之间发生挤压和摩擦作用，导致土产生变形或流动。

（2）三相性

自然形成的土是由固体颗粒(固相)、水(液相)和气体(气相)三部分组成的，所以土是一种三相体系。这与化学风化(母岩表面和碎散颗粒受环境因素的作而改变其矿物的化学成分，形成新的矿物。化学风化常见的反应包括水解作用、水化作用、氧化作用、溶解作用和碳酸酸化作用等)密切相关，由于化学风化使土形成了非常细微的土颗粒，这些细微的土颗粒的比表面积很大，具有吸附水分子的能力。这些水分子聚集后，在孔隙中可以流动，对土的强度和变形有极大影响。因此，土的三相之间存在着复杂的相互作用关系，当三相物质的质量和体积比例不同时，土的性质和力学特性也随之变化。

（3）天然性

土是自然界的产物，它的形成与地质年代、风化过程、搬运途径、环境状况、沉积时间以及其他因素相关。因此，自然界的土多种多样，同一地点处，不同深度处土的性质不一样，甚至同一母岩风化后形成的土也各不相同。这使得土被称为一种性质复杂、不均匀、各向异性且随时间而不断变化的材料。

2.1.3 土的结构

自然界中的土，是以颗粒或颗粒的集合体形式存在的。土粒或土粒集合体的大小、形状、相互排列与联结等综合特征，称为土的结构。土的结构影响土的宏观力学性能，这主要是由土的细观组构及结构导致的各向异性所决定。土的结构是指土颗粒的原位集合体特征及其空间排列形态与相互作用以及孔隙性状。由土颗粒单元的大小、形状、相互排列及其联结关系等因素形成的综合特征，土颗粒的形状、大小、位置和矿物成分以及土中水的性质与组成对土的结构有直接影响。可以说结构是土各向异性的细观成因，各向异性是土结构性的一种宏观表现。土的结构可分为单粒结构蜂窝结构和絮状结构，如图 2－1 所示。

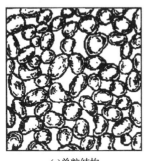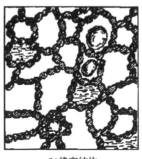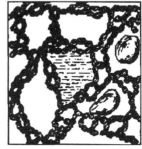

(a)单粒结构   (b)蜂窝结构   (c)絮状结构

图 2－1 土的结构类型

（1）单粒结构

单粒结构[图 2－1(a)]为砂土和碎石的特征，是由土粒在水或空气中，在其自身重力作用下沉落堆积而成。由于土粒尺寸较大，颗粒间分子引力远小于土粒自重，故土粒间几乎没有相互联结作用，是典型的散粒状物体。疏松的单粒结构中，颗粒间孔隙大，颗粒位置不稳定，不论在静载或动载作用下都很容易错位，尤其在振动作用下，体积可减少20%。在紧密的单粒结构中，颗粒的排列已接近最稳定的位置，在静载或动载作用下体积均不发生较大的变化。

（2）蜂窝结构

蜂窝结构[图2-1(b)]多为颗粒细小的黏土所具有的结构形式。粒径在0.002~0.02mm的土粒在水中沉积，下沉途中碰上已沉积的土粒时，由于土粒间分子引力对自身重力而言已足够大，便停留在最初接触点上不再下降，形成孔隙很大的蜂窝状结构。蜂窝状结构的孔隙一般远大于土粒本身的尺寸。

（3）絮状结构

絮状结构[图2-1(c)]是颗粒最细小的黏土所具有的结构形式。粒径小于0.002mm的土粒能够在水中长期漂浮不因自身重力而下沉，当水中加入某些电解质后，颗粒间的排斥力削弱，运动着的土粒凝聚成絮状物下沉，形成类似蜂窝状但孔隙却很大的结构，称为絮状结构。

同一土层中，颗粒或颗粒集合体相互间的位置与填充空间的特点，称为土的构造。土的构造大体可分为层状构造、分散构造、裂隙构造和结核状构造，如图2-2所示。

（1）层状构造

层状构造[图2-2(a)]的土在垂直层理方向与水平层理方向的性质不同，平行于层理方向的压缩模量与渗透系数往往要大于垂直方向的。

（2）分散构造

分放构造[图2-2(b)]中各部分土粒组合无明显差别，分布均匀，各部分的性质亦相近，是比较理想的各向同性体。

（3）裂隙构造

裂隙构造[图2-2(c)]的土体被许多不连续的小裂隙所分割。不少坚硬与硬塑状态的黏土都具有此种构造。裂隙破坏了土的整体性。

（4）结核状构造

结核状构造[图2-2(d)]是在细粒土中明显掺有大颗粒或聚集的铁质、钙质集合体，以及贝壳等杂物。

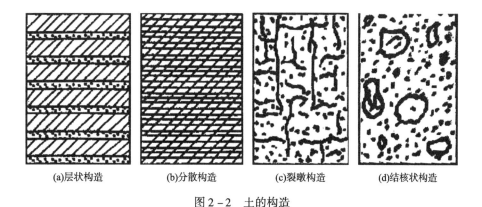

(a)层状构造　　　(b)分散构造　　　(c)裂瞹构造　　　(d)结核状构造

图2-2　土的构造

2.2　土的三相组成

2.2.1　土的固相

（1）土的固体颗粒

土的固相物质包括无机矿物颗粒和有机质，是构成土的骨架最基本的物质。土中的无机矿物成分又可以分为原生矿物和次生矿物两大类。

原生矿物是岩浆在冷凝过程中形成的矿物，如石英长石、云母等。

次生矿物是由原生矿物经过化学风化作用后所形成的新矿物，如三氧化二铝、三氧化二铁、次生二氧化硅、黏土矿物以及碳酸盐等。次生矿物按其与水的作用程度可分为易溶的、难溶的和不溶的，次生矿物的水溶性对土的性质有着重要的影响。黏土矿物的主要代表性矿物为高岭石、伊利石和蒙脱石，由于其亲水性不同，当其含量不同时，土的工程性质也随之不同。

在以物理风化为主的过程中，岩石破碎而并不改变其成分，岩石中的原生矿物得以保存下来；但在化学风化的过程中，有些矿物分解成为次生的黏土矿物。黏土矿物是很细小的扁平颗粒，表面具有极强的与水相互作用的能力，颗粒愈细，表面积愈大，亲水的能力就愈强，对土的工程性质的影响也就愈大。

在风化过程中，由于微生物作用，土中会产生复杂的腐殖质矿物，此外还会有动植物残体等有机物，如泥炭等。有机颗粒紧紧地吸附在无机矿物颗粒的表面形成了颗粒间的联结，但是这种联结的稳定性较差。

（2）土的级配

天然的土是各种不同大小的土粒的混合体，它包含着几种粒组的土粒，不同粒组在土中的相对含量在很大程度上决定着土的工程特性，因此常作为土的工程分类依据。这种相对含量用各粒组的质量占土样总质量（干土质量）的百分比来表示，叫作土的级配。它是通过土的颗粒分析试验确定的。工程上实用的粒径分析法有筛分法和比重计法两种。筛分法适用于粒径大于 0.1mm 的土壤，它是用一套孔径大小不同的标准筛，将已知质量的土样筛分后，分别算出留在每个筛子上的土的质量，然后计算各粒组质量相对总质量的百分数，这一组百分数即该种土的级配。比重计法适用于粒径小于 0.1mm 的土，它是将土混入水中，根据大颗粒沉淀较快，小土粒沉淀较慢的原理，通过测定某一间隔时间内某深度的相对密度，即可间接确定土壤的不同粒组成分所占的比例。

为了直观起见，土的级配常以颗粒级配曲线来表示。如图 2 - 3 所示，图中纵坐标表示小于某一粒径的土粒占土样总量的百分数，以普通尺度表示；横坐标表示颗粒直径，以对数尺度表示。从曲线图上可以看到：①粒组范围及土的级配，如曲线 2 所表示的土壤级配为砂粒 20%，粉粒 36%，黏粒 44%；②颗粒分布情况，如曲线 1 比曲线 2 较为平级，说明该土壤中大小颗粒都有，颗粒不均匀，即各级粒组搭配良好，称为级配良好的土。而曲线 2 则较陡，表示土中颗粒直径范围较小，颗粒均匀，级配不好，属于级配均匀的土。

通常用不均匀系数 C_u 来衡量土壤粒径级配情况，即

$$C_u = \frac{d_{60}}{d_{10}} \qquad (2-1)$$

式中　d_{60}——对应于级配曲线上 60% 数值的颗粒粒径；

　　　d_{10}——对应于级配曲线上 1% 数值的颗粒粒径。

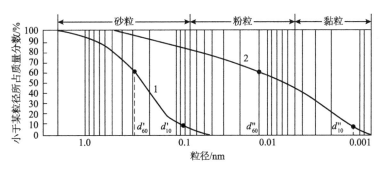

图 2 - 3　土粒级配土

C_u 值愈大，说明粒径级配曲线愈平缓，表示土的级配愈良好。

2.2.2　土的液相

土的液相是指存在于土孔隙中的水。通常认为水是中性的，在 0℃ 时结冻，但土中的水实际上是一种成分非常复杂的电解质水溶液，它与亲水性的矿物颗粒表面有着复杂的物理化学作用。按照水与土相互作用程度的强弱，可将土中水分为结合水和自由水两大类。

（1）结合水

结合水是指处于土颗粒表面水膜中的水，受到表面引力的控制而不服从静水力学规律，其冰点低于 0℃。结合水又可分为强结合水和弱结合水。强结合水存在于最靠近土颗粒表面处，水分子和水化离子排列得非常紧密，以致其相对密度大于 1，并有过冷现象（即温度降到 0℃ 以下而不发生冻结的现象）。在距土粒表面较远地方的结合水则称为弱结合水，由于引力降低，弱结合水的水分子排列不如强结合水紧密，弱结合水可能从较厚水膜或浓度较低处缓慢地迁移到较薄的水膜或浓度较高处。

（2）自由水

自由水包括毛细水和重力水。毛细水不仅受到重力的作用，还受到表面张力的支配，能沿着土的毛细孔隙从潜水面上升到一定的高度。毛细水上升对于公路路基土的干湿状态及建筑物的防潮有重要影响。重力水在重力或压力差作用下能在土中渗流，对于土颗粒和结构物都有浮力作用，在土力学计算中应当考虑这种渗流及浮力的作用力。

2.2.3　土的气相

土的气相是指充填在土孔隙中的气体，包括与大气连通和不连通两类气体。与大气连通的气体成分与空气相似，对土的工程性质没有多大影响，当土受到外力作用时，这种气体很快从土孔隙中被挤出；但是密闭的气体对土的工程性质有很大影响，在压力作用下这种气体可被压缩或溶解于水中，而当压力减小时，气泡则会恢复原状或重新游离出来。土孔隙中充满水而不含气体的土称为饱和土，而含气体的土称为非饱和土，非饱和土的工程性质研究已成为土力学的一个新分支。

2.3　土的物理状态

2.3.1　土的三相草图

前面已经提到土是岩石风化而成的碎散颗粒的集合体，一般包含有固、液、气三相，在其形成的漫长的地质过程中，受风化、搬运、沉积、固结和地壳运动的影响，其应力、应变关系十分复杂，并且与诸多因素有关。图的性质不仅决定于三相组成的性质，而且三相之间的比例关系也是很重要的影响因素，特别是固体颗粒的性质，直接影响土的物理特性。根据土中固体、水和气体的比例关系，抽象地将土的三相分开，可以绘制出如图 2-4 所示的三相草图，这将有助于更直观地研究土中三相之间相互的定量关系。

土的状态与性质无一不受到三相间数量关系的影响：土的压密与击实，实质上是土中孔隙的减小；土的干湿反映着孔隙中水分质量的增减。为了定量描述土的三相间的数量关系，并找出它们与土的状态和性质之间的变化规律，首先需要确定反映各相间纯数量关系的指标。有些数量指标必须通过试验直接测定，称为实测指标；而另一些指标则可依据实测指标计算出来，称为导出指标。其中土的密度或容重、土的相对密度和含水量是三个基本物理特性指标。

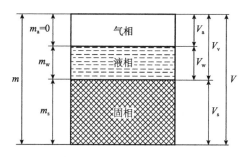

图2-4　土的三相草图

m—土总质量；m_s—固相质量；m_w—液相质量；
V—土总体积；V_s—固相体积；V_w—液相体积；V_a—气相体积

2.3.2　三个基本实测指标

（1）密度与容重

土的密度为单位体积土的质量，其表达式为质量与体积之比，单位为 t/m³ 或 g/cm³，其表达式为：

$$\rho = \frac{m}{V} = \frac{m_s + m_w}{V_s + V_w + V_a} \tag{2-2}$$

土的容重是另一个类似的概念，表示单位体积土的重量，用 γ 表示，单位为 kN/m³，其表达式为：

$$\gamma = \frac{W}{V} = \frac{W_s + W_w + W_a}{V} \tag{2-3}$$

式中，W 为土总重量；W_s、W_w、W_a 分别为固相、液相、气相的重量。

土的密度与容重从在如下关系：

$$\gamma = \rho g \tag{2-4}$$

式中，g 为重力加速度。

（2）相对密度

相同体积下，土的质量与同体积水（4°C 时的纯水）的质量之比，土粒相对密度表达式为：

$$G = \frac{m_s}{V_s \rho_w} = \frac{W_s}{V_s \gamma_w} \qquad (2-5)$$

（3）含水量

含水量为土中水的质量与土粒质量之比，常以百分数表示。

$$\omega = \frac{m_w}{m_s} \times 100\% = \frac{m - m_s}{m_s} \times 100\% \qquad (2-6)$$

2.3.3 其他常用导出指标

工程上为了便于表示三相含量的某些特征，确定三相比例关系的其他常用指标。

（1）孔隙度

土中孔隙的体积与土总体积之比，称为孔隙度，用百分数表示，即

$$n = \frac{V_a}{V} \times 100\% \qquad (2-7)$$

（2）孔隙比

土中孔隙的体积与土中固体颗粒体积之比，称为孔隙比，即

$$e = \frac{V_a}{V_s} \qquad (2-8)$$

（3）饱和度

除了含水量之外，工程往往需要知道孔隙中充满水的程度，这就是土的饱和度 S_r。

$$S_r = \frac{V_w}{V_a} \qquad (2-9)$$

若饱和度 S_r 为 0，表示土中无水；若饱和度 S_r 为 1，则表示孔隙中充满水，土是饱和的。

（4）干密度

土被完全烘干时的密度，在忽略气体的质量时，它在数值上等于单位体积中土粒的质量，表示为

$$\rho_d = \frac{m_s}{V} \qquad (2-10)$$

2.4　土的分类

根据《建筑地基基础设计规范》（GB 50007—2011），将土分为碎石土、砂土、粉土、黏性土和人工填土等。

（1）碎石土

粒径大于 2mm 的颗粒含量超过全重 50% 的土。根据不同直径颗粒所占总重量的百分比和颗粒形状又可分为漂石块石、卵石、碎石、圆砾和角砾（表 2 - 1）。

表 2 - 1　碎石土的分类

土的名称	颗粒形状	粒组含量
漂石	圆形及亚圆形为主	粒径大于 200mm 的颗粒含量超过全重 50%
块石	棱角形为主	
卵石	圆形及亚圆形为主	粒径大于 20mm 的颗粒含量超过全重 50%
碎石	棱角形为主	
圆砾	圆形及亚圆形为主	粒径大于 2mm 的颗粒含量超过全重 50%
角砾	棱角形为主	

注：分类时应根据颗粒级配由上到下以最先符合者确定。

（2）砂土

粒径大于 2mm 的颗粒含量不超过全重 50%，且粒径大于 0.075mm 的颗粒含量超过全重 50% 的土称为砂土。根据粒组含量又分为砾砂、粗砂、中砂、细砂和粉砂（表 2 - 2）。

表 2 - 2　砂土分类

土的名称	粒组含量
砾砂	粒径大于 2mm 的颗粒含量占全重 25% ~ 50%
粗砂	粒径大于 0.5mm 的颗粒含量超过全重 50%
中砂	粒径大于 0.25mm 的颗粒含量超过全重 50%
细砂	粒径大于 0.075mm 的颗粒含量超过全重 85%
粉砂	粒径大于 0.075mm 的颗粒含量不超过全重 50%

注：分类时应根据颗粒级配由上到下以最先符合者确定。

（3）粉土

粉土介于砂土与黏性土之间，塑性指数 I_p 小于 1 或等于 10 且粒径大于 0.075mm 的颗粒含量不超过全重 50% 的土。

（4）黏性土

塑性指数 I_p 大于 10 的土，根据塑性指数 I_p 又分为粉质黏土和黏土（表 2-3）。

表 2-3　黏性土分类

土的名称	塑性指数
粉质黏土	$10 < I_p \leqslant 17$
黏土	$I_p > 17$

注：塑性指数由相应 76g 圆锥体沉入土样中深度为 10mm 时测定的液限计算而得。

（5）人工填土

人工填土是人工活动堆填形成的各类土。按人工填土的组成和成因，可分为素填土、压实填土、杂填土、冲填土。素填土是由碎石土、砂土、粉土、黏性土等组成的填土。经过压实或夯实的素填土为压实填土。杂填土是含有建筑垃圾、工业废料、生活垃圾等杂物的填土。冲填土是由水力冲填泥沙形成的填土。

2.5　土的切削与推运性能

针对土的切削与推运过程，其切削与推运性能主要包括四个方面：一是通过工作阻力进行评价，比较常用的方法是比阻力的概念；二是黏附性的问题，由于土的含水量不同时，土的结构存在巨大差异，因此，会影响土的切削和推运过程；三是土的流动特征的影响，比如松散土和密实土在切削和推运过程中的流动状态就存在显著差异；四是铲刀结构与土相互作用的关系，这需要考虑两个对象相互影响的问题。

2.5.1　比阻力

土切削在不同领域的作业目的不尽相同，在上述作业过程类型中，切削阻力起到了很重要的评价作用，切削阻力越小，越有利于作业过程。虽然针对不同的土的切削过程，优化切削阻力是改善切削的目标之一，但并不是衡量土壤切削能效的唯一标准。通常把比阻力作为能效评价指标，比阻力是铲刀对土壤的扰动区域 A(铲刀切削时与土壤接触面积在切削方向的投影)与水平切削阻力 f_x 的比值，见公式(2 – 11)。这样的评价指标对松土等切削作业进行评价是可行的。

$$k = \frac{A}{f_x} \qquad (2-11)$$

式中　A——土壤扰动区域截面积，m^2；

　　　f_x——水平方向切削阻力，N。

在工程应用中，推土机、铲运机、装载机等是比较特别的一类土壤切削作业机械，它们在完成土壤切削作业过程的同时，还需要对土壤进行推运，前面已经提到，整个作业过程可以分解为土壤切削和土壤推运两个过程。

2.5.2　黏附性

黏附对切削作业的影响，主要表现在以下三个方面。一是因黏附引起的粘着摩擦严重影响土沿作业工具表面的滑移，使得土体沿着土 – 土界面上流动，不但大大增加摩擦消耗功，而且改变了切土工具的合理几何形状。以铲刀类作业工具为例，会大大缩小斗型作业元件的有效容积，使得作业阻力增加，循环作业过程中的作业效率显著下降。二是使推运过程的无效功增加，由于土黏附在作业工具表面，这导致作业工具的实际质量增加，此外，黏附引起的作业工具结构的改变，会影响土的切削作业过程。三是黏附性严重影响作业速度，增大黏滞消耗，对外表现为黏附性；对内表现为黏滞性与可塑性，这是土的基本性质。在切消过程中的压、剪、拉应力作用下，土分别以相应的大应变来衰减应力场作用区，以形变来吸收作业能量，迟缓作业速度。

2.5.3　土的流动特征

土的流动虽然都是在土的切削与推运的动态过程中产生的，但整个流动过程都是被动的，且受土物理特性和外部条件的限制，因此，土的流动特征与土的机械性能关系密切，在诸多理论研究中，对土体的破坏假设和工具作业对作业土的影响区域不同，大多源于试验土的差异。因此，土的流动特征对土粒在作业工具前的堆积形态存在影响，当几何形态不同时，会表征出作业工具对土的可切削性的评价。

此外，土的流动特性也可以间接地表征土被切削的难易程度，以及土的切削与推运阻力的大小。研究土的流动规律，准确计算土流动形成几何形态的质量，可用于楔形死区的计算和质量阻力比的评估，是间接评估土的切削与推运力的一种手段，可以为土的切削与推运过程的能量消耗做出定性评价。

土的切削与推运理论

　　土的结构组成变化形式较多，从而导致土的物理特性非常复杂。因此，对土进行切削与推运作业时，需要考虑的影响因素较多。此外，土的切削与推运作业形式也较多，不同机械有不同的作业目的，需要不同切削模型作为研究的理论指导。本章在对已有土的切削与推运模型分析的基础上，建立了适合本文切削土的理论模型，为了获得更为合理的理论计算值，对理论模型进行了修正，在计算 L 型铲刀切削阻力时，还考虑了水平铲刀插入阻力的影响。

　　首先，由于土是碎散颗粒的集合，它们之间的相互联系是相对薄弱的。所以土的强度主要是由颗粒间的相互作用力决定，而不是由颗粒矿物的强度本身直接决定的。土的破坏主要是剪切破坏，其强度主要表现为黏聚力和摩擦力，亦即其抗剪强度主要由粒间的黏聚力和摩擦力组成。而土是三相组成的，固体颗粒与液、气相间的相互作用对于土的强度有很大影响，所以引入了孔隙水压力、吸力等土力学所特有的影响土强度的因素。土的地质历史造成土的强度具有多变性、结构性和各向异性。土强度的这些特点体现在它受内部和外部、微观和宏观众多因素的影响，成为一个十分复杂的课题。

　　不同的土试样(它一般是代表一个受力均匀的土单元)在不同条件下的加载试验，可得到不同的应力 – 应变关系。一般可表示为图 3 – 1 中的几种情况。对于不同的应力 – 应变关系，其破坏的确定也是不同的。

3.1 土的抗剪强度与破坏理论

3.1.1 土抗剪强度

土是松散颗粒黏结在一起形成的一种集合体，颗粒之间的接触面相对较弱，当发生破坏时，颗粒接触部容易发生相对滑移，因此，颗粒间的相互作用决定了土强度。一般而言，土破坏的主要表现为剪切破坏，剪切过程中受到颗粒之间黏聚力和摩擦力的影响，因此，抗剪强度也主要由这两种力组成。但对特定的某一种土，其抗剪强度 τ_f 并不一定是恒定的。首先，抗剪强度与剪切面上的法向应力 σ 有关；其次，土粒的大小、形状、级配、孔隙比、含水量等因素也会对抗剪强度产生影响；再次，在特殊条件下，外部环境条件也需要考虑。由于影响土抗剪强度的因素较多，故而土的破坏准则是一个比较复杂的问题，还没有找到一个通用的理想模型，但在工程实际中，通常采用莫尔－库仑破坏准则。

1773 年库仑（Coulomb C. A.）采用直剪仪对沙土的抗剪强度进行了研究，提出了砂土和黏性土的抗剪强度表达式。研究结果表明，土的抗剪强度不是常量，而是随剪切面上的法向应力 σ 的增加而增大，其表达式如下：

$$\left.\begin{array}{l} \tau_f = \sigma\tan\varphi \\ \tau_f = c + \sigma\tan\varphi \end{array}\right\} \qquad (3-1)$$

式中　τ_f——土的抗剪强度，kPa；

　　　　c——土的内聚力，kPa；

　　　　σ——作用在剪切面上的法向应力，kPa；

　　　　φ——土的内摩擦角，（°）。

式(3-1)中的两个公式分别是无内聚力和有内聚力情况下土的抗剪强度表达式。对砂土而言，内聚力 $c=0$；对于黏性土，c 可以视作常量。对于特定的土，在相同试验条件下，摩擦角 φ 也可以近似为常量。根据法向应力的变化可以绘制出 τ_f 相关于 σ 的曲线关系，如图 3 - 1 所示。

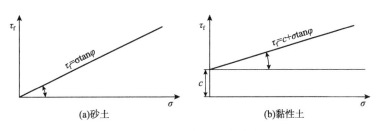

(a)砂土　　　　　　　　　　(b)黏性土

图 3 - 1　土的抗剪强度曲线

3.1.2　莫尔应力圆

土的破坏通常发生在抗剪强度最大的作用面上，该面上作用着法向应力和切向应力两个分量。为研究土任意一点的剪切应力状态，建立一微单元体，设作用在该单元体上的两个主应力分别为 σ_1 和 $\sigma_3(\sigma_1 > \sigma_3)$，如图 3 - 2(a)所示；在单元体内与大主应力 σ_1 作用面成任意角 α 的 mn 平面上有正应力 σ 和剪应力 τ，如图 3 - 2(b)所示。

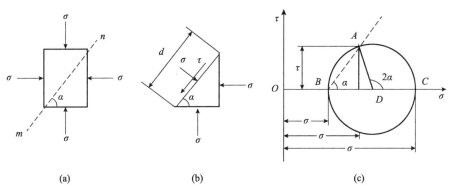

(a)　　　　　　　　(b)　　　　　　　　(c)

图 3 - 2　土体任一点的应力

将正应力 σ 和剪应力 τ 分别沿水平和垂直方向进行投影，根据静力平衡条件可得：

$$\sigma_3 d_s \sin\alpha - \sigma d_s \sin\alpha + \tau d_s \cos\alpha = 0 \tag{3-2}$$

$$\sigma_1 d_s \cos\alpha - \sigma d_s \cos\alpha - \tau d_s \sin\alpha = 0 \tag{3-3}$$

求解上述两个方程,可得 mn 平面上的正应力和剪应力分别为:

$$\sigma = \frac{\sigma_1 + \sigma_3}{2} + \frac{\sigma_1 - \sigma_3}{2}\cos 2\alpha \qquad (3-4)$$

$$\tau = \frac{\sigma_1 - \sigma_3}{2}\sin 2\alpha \qquad (3-5)$$

整理两式,消去正弦和余弦参数,得

$$\left(\sigma - \frac{\sigma_1 + \sigma_3}{2}\right)^2 + \tau^2 = \left(\frac{\sigma_1 - \sigma_3}{2}\right)^2 \qquad (3-6)$$

在 $\sigma - \tau$ 坐标平面内,式(3-6)是一个圆的轨迹方程,该圆被称为莫尔应力圆(图3-2)。图中 OC 和 OB 分别表示 σ_1 和 σ_3,D 点为莫尔应力圆的圆心,其坐标为 $\left(\frac{\sigma_1 + \sigma_3}{2},\ 0\right)$,圆的半径为 $\frac{\sigma_1 - \sigma_3}{2}$,$DC$ 以圆心逆时针旋转 2α 后,与圆周的交于点 A,此时,A 点的横坐标为斜面 mn 上的正应力 σ,纵坐标为剪切力 τ,如图3-2(c)所示。因此,莫尔应力圆可以全面表示土体中一点的应力状态。

3.1.3　莫尔-库仑强度破坏准则

莫尔应力圆可以判断土中任意平面的剪切应力 τ,库仑公式给出了不同法向应力下土的抗剪强度 τ_f,通过比较两者的大小,可以判断土体是否发生强度破坏。具体做法就是将库仑强度线与莫尔应力圆绘制在同一个 $\sigma - \tau$ 坐标平面内,如图3-3所示。根据剪切应力 τ 与抗剪强度 τ_f 之间的几何关系,莫尔应力圆与抗剪强度线存在以下3种情况:

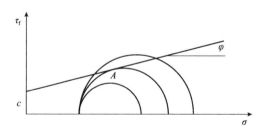

图3-3　莫尔应力圆与抗剪强度的相互关系

（1）不相交（$\tau < \tau_f$），这种情况下，土中任何平面上的剪应力都小于抗剪强度，土体不会发生剪切破坏；

（2）相切（$\tau = \tau_f$），即切应力与抗剪强度恰好相等，此时，该点处于极限平衡状态；

（3）相割（$\tau > \tau_f$），这种情况在实际中不可能存在，因为理论上土在该条件下早已发生了剪切破坏。

根据相切条件下处于极限平衡状态的几何关系（图 3 - 4），可以推导建立极限平衡条件，即莫尔 - 库仑强度理论，其表达方程为：

$$\sigma_1 = \sigma_3 \tan^2\left(45° + \frac{\varphi}{2}\right) + 2c\tan\left(45° + \frac{\varphi}{2}\right) \tag{3 - 7}$$

或

$$\sigma_3 = \sigma_1 \tan^2\left(45° - \frac{\varphi}{2}\right) - 2c\tan\left(45° - \frac{\varphi}{2}\right) \tag{3 - 8}$$

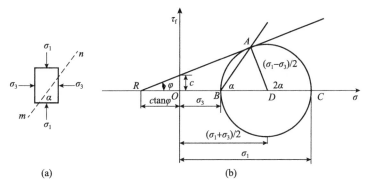

图 3 - 4　土中一点达极限平衡状态时的摩尔应力圆

3.2　土压力理论

土压力的概念源于工程实践，如图 3 - 5 所示的挡土墙，都要承受墙体内所填土的侧向压力，这被称为土压力。影响土压力的因素较多，其中墙体位移条件是主要因素之一。这里不对挡土墙的形式进行详尽的论述，只对挡土墙产生横向位移时土体的破坏特性进行介绍。土的切削与推运过程是动态连续的，当切削进入稳定状态后，取其中的一个瞬时状态，如果将铲刀视作刚体，则铲刀前堆积的土将对铲刀产生侧向压力。因此，土的切削与推运瞬时状态与土压力理论有相似性。

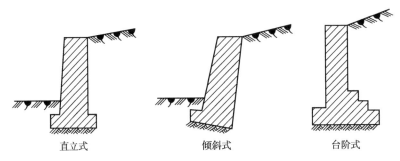

直立式   倾斜式   台阶式

图 3-5 不同形式的挡土墙

3.2.1 主动土压力与被动土压力

在土填充压力的作用下，当挡土墙产生远离土体的位移，从而导致土体的可填充空间增加时，土体在重力作用下，将产生对增加空间填充的趋势，挡土墙的位移越大，这种填充的趋势就越主动，直到土体的抗剪强度完全被发挥出来，达到极限平衡状态时，发生剪切侧滑，如图 3-6(a)所示，此时，称为主动土压力，用 E_a 表示。

挡土墙在外力的作用下，产生接近土体的位移，此时，土压力将逐渐增大，土体在外载荷的作用下被挤压，直到土的抗剪强度完全发挥出来，达到极限平衡状态时，产生剪切破坏，形成了另一种侧滑，如图 3-6(b)所示，此时，称为被动土压力，用 E_p 表示。

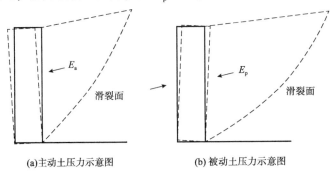

(a)主动土压力示意图   (b) 被动土压力示意图

图 3-6 土压力示意图

3.2.2　朗肯土压力理论

朗肯土压力理论假设土体是具有水平表面的半无限体，并假设墙背光滑水平，忽略墙背与土体之间的摩擦作用，此时，墙背可视作半无限土体内部的一个垂直平面。当土体处于弹性平衡状态时，墙背土体中任意点处的应力状态，可以用莫尔应力圆表示。

根据前面的分析，挡土墙达到主动极限平衡状态时，作用在任意 z 深度处土单元上的垂直应力为最大主应力 $\sigma_1 = \sigma_v = \gamma z$，作用在墙背上水平方向的土压力是最小主应力 $\sigma_3 = p_a$。因此，当达到主动极限平衡条件时，应满足关系式(3-8)。将两个主应力的值带入式(3-8)，可得：

$$p_a = \gamma z \tan^2 \left(45° - \frac{\varphi}{2}\right) - 2c \tan\left(45° - \frac{\varphi}{2}\right) = K_a \gamma z - 2c \sqrt{K_a}$$

$$(3-9)$$

式中　K_a——主动土压力系数。

式(3-9)为主动朗肯土压力极限平衡条件，土体存在一组滑裂面，它与大主应力面的夹角为 $45° + \dfrac{\varphi}{2}$，水平应力降到最低极限值，如图3-7所示。

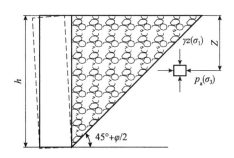

图3-7　主动土压力条件下极限平衡状态滑裂面

当挡土墙推土时，土体达到被动极限平衡状态，水平压力比垂直压力大，故而竖直压力为最小主应力 $\sigma_3 = \sigma_v = \gamma z$，作用在墙背上的水平土压力为最大主应力 $\sigma_1 = p_p$。此时，达到被动极限平衡条件，应满足关系式(3-7)，将该条件下的两个主应力值代入式(3-7)，可得：

$$p = \gamma z \tan^2\left(45° + \frac{\varphi}{2}\right) + 2c\tan\left(45° + \frac{\varphi}{2}\right) = K_p\gamma z + 2c\sqrt{K_p}$$

$$(3-10)$$

式中 K_p——被动土压力系数。

式(3-10)为被动朗肯土压力极限平衡条件，此时，土体出现另一组滑裂面，它与小主应力面的夹角为$45° - \frac{\varphi}{2}$，水平应力增大到最大极限值，如图3-8所示。

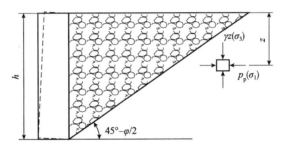

图3-8　被动土压力条件下极限平衡状态滑裂面

主动和被动朗肯土压力理论可以在剪切强度曲线图中进行表示，如图3-9所示。横坐标γz为深度z处土体单元的垂直应力σ_v，$K_0\gamma z$为土体静止不动时的水平应力σ_h，P_a为主动土压力，P_p为被动土压力。当土体静止时，该应力状态下的莫尔应力圆可用不相交的小圆表示，达到主动极限平衡状态是用相切的小圆表示，达到被动极限平衡状态时用相切的大圆表示。

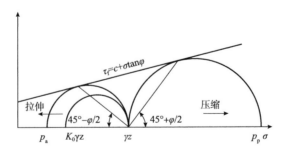

图3-9　朗肯土压力极限平衡状态

3.3　土的切削与推运模型

3.3.1　土的切削与推运失效形式

土的切削与推运失效的机制与材料的类型密切相关，根据切削工具与土的相互作用关系以及土的流动形式，土的切削与推运失效可以分为三种主要形式[115]，分别是"流动型失效""剪切型失效"和"撕裂型失效"，如图 3 - 10(a)(b)(c)所示。

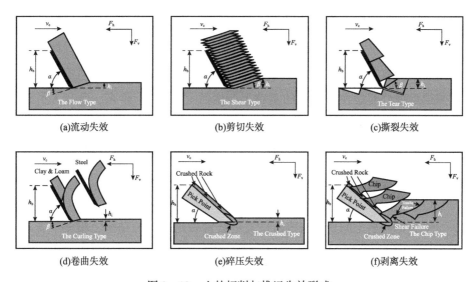

(a)流动失效　　　　　(b)剪切失效　　　　　(c)撕裂失效

(d)卷曲失效　　　　　(e)碎压失效　　　　　(f)剥离失效

图 3 - 10　土的切削与推运失效形式

"流动型失效"主要发生在对塑性指数高的黏土和松散状土切削过程中，如黏性淤沙和岩土，失效过程属于塑性断裂；"剪切型失效"通过发生在对塑性指数低的黏土和硬而密实土的切削过程中，如松散沙土，土内摩擦角是该失效形式的重要参数；"撕裂型失效"可以看作土的脆性断裂，主要发生在脆性材料的切削破碎中，如干土和岩石等。

Miedema[116]在对土失效的分类中提到了"卷曲型失效"[图 3 - 10(d)]。

这种失效形式在金属切削中较为常见，类似地，在土的切削与推运过程中，被切削土也会以卷曲流动形态出现，有学者将卷曲型失效归类于流动型失效，但二者在实际切削过程中仍存在一定差异。Chen[117]对土的切削与推运的分类进一步细化，认为在切削岩石类土时，还存在"碎压型失效"[图3-10(e)]和"剥离型失效"[图3-10(f)]，Aluko[118]研究的土二维切削脆性断裂模型就是典型的此类失效形式。

3.3.2 土的切削与推运模型

土的切削与推运作业已有上千年的历史，直到20世纪20年代，太沙基K. Terzaghi的《土力学》一书的出版，为土木工程、建筑施工以及农业工程打开了一扇研究之门，从此土力学作为一门学科悄然兴起[119]。根据太沙基理论，假设铲刀前端存在一个失效区域，且土的主要失效过程都发生在该失效区域内，并采用滑移线理论预测土受力，随后诞生的诸多土的切削与推运理论都是在该假设的基础上产生的[120]。几十年来，研究人员建立的土的切削与推运力学模型不下百种，包括二维土的切削与推运模型，在二维模型基础上建立的三维模型，以及随着计算机发展而产生的有限元模型和DEM模型等。

（1）平面铲刀切削模型

平面铲刀是土的切削与推运试验中经常采用的铲刀结构，很多学者均采用平面铲刀建立了自己的土的切削与推运模型，但由于计算误差，每种模型的应用条件受到一定限制。在二维切削模型中，具有代表性的有基于被动土压力理论建立的宽铲刀的二维土的切削与推运理论模型。为了简化结论，太沙基针对失效区域和滑移线建立了二维土的切削与推运的一个半经验模型[121]，这是土的切削与推运模型的基础。Mckyes[19,122]在Godwin - Spoor模型[123]的基础上进行了细化，建立的土的切削与推运模型考虑了容重、内聚力、垂向均载、黏聚力四个因素的影响，其方程如下：

$$P = (\gamma g d^2 N_\gamma + c d N_c + q d N_q + C_a d N_{ca})w \qquad (3-11)$$

式中　　　P——切削力，N；

γ ——土容重，kg/m^3；

g ——重力加速度，$9.81m/s^2$；

d ——切削深度，m；

c ——内聚力，Pa；

q ——土表面负荷垂向压力，Pa；

C_a ——黏附力，Pa；

w ——铲刀宽度，m；

$N_\gamma, N_c, N_q, N_{ca}$ ——无量纲因数。

4 个无量纲因数由侧翼影响区域半径 r、铲刀深度 d、铲刀宽度 w 和 5 个相关角度确定，表达式分别为：

$$N_\gamma = \frac{\dfrac{r}{2d}(1 + \dfrac{2r}{3w}\sin\eta)}{\cot(\alpha + \delta) + \sin(\alpha + \delta)\cot(\beta + \varphi)} \tag{3-12}$$

$$N_{ch} = \frac{[1 + \cot\beta\cos(\beta + \varphi)](1 + \dfrac{r}{w}\sin\eta)}{\cot(\alpha + \delta) + \sin(\alpha + \delta)\cot(\beta + \varphi)} \tag{3-13}$$

$$N_q = \frac{\dfrac{r}{d}(1 + \dfrac{r}{w}\sin\eta)}{\cot(\alpha + \delta) + \sin(\alpha + \delta)\cot(\beta + \varphi)} \tag{3-14}$$

$$N_{ca} = \frac{1 - \cot\alpha\cos(\beta + \varphi)}{\cot(\alpha + \delta) + \sin(\alpha + \delta)\cot(\beta + \varphi)} \tag{3-15}$$

$$r = d(\cot\alpha + \cot\beta) \tag{3-16}$$

式中　α ——切削倾角，(°)；

β ——土失效剪切角，(°)；

η ——侧翼影响区域角，(°)；

δ ——土与铲刀外摩擦角，(°)；

φ ——土内摩擦角，(°)。

McKyes 模型假设铲刀前端存在楔形失效区域，该区域由一个中心楔形块和两个侧翼失效区域组成，且失效区域存在边界，中心楔形块的失效边界为平面，两翼失效区域为尖点向下的扇形锥体结构，该扇形锥体的底面由变径 r 和极角 η 确定，该扇形椎体最外侧的失效边界假设为直线，如

图 3 - 11 所示。这里有三个角度 α、β 和 η，α 为切削倾角，β 与切削倾角和土强度有关，η 为侧翼失效区域包络角。

Onwualu[124]在土的切削与推运试验研究中，将铲刀宽度选择为 51mm 和 254mm，对粉土在切削倾角为 90° 且切削深度为 100mm 和 150mm 条件下进行了试验研究，并采用该模型计算的切削阻力与试验结果进行对比。其水平阻力 H 与垂直阻力 V 的计算公式分别为：

$$H = P\sin(\alpha + \delta) + C_a dw \cot\alpha \qquad (3-17)$$

$$V = P\cos(\alpha + \delta) + C_a dw \qquad (3-18)$$

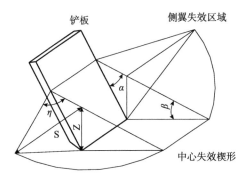

图 3 - 11　Mckyes 土的切削与推运模型

（2）曲面推土板切削模型

针对推土机铲刀宽度较大，切削深度较小和铲刀主体部分位于地面以上的工作特点，长安大学（原西安公路学院）的 Yang Qinsen 和 Sun Shuren 建立了预测推土铲刀作业性能的数学模型，即 Yang-Sun 模型，该模型可以预测推土铲刀上的平均作用力，而且可以预测力的波动振幅[125]。

Yang-Sun 根据观察和对试验的大量分析，认为土的切削与推运由铲刀沿地面入土部分对土的剪切破坏和铲刀沿地面以上部分对土的推运两部分作业组成，这两部分作业所需外力之和决定了切削过程的切削阻力，分离土剪切和推运过程，分别对两个过程进行理论分析，结合试验验证过程，探索改善切削阻力和降低能耗的合理方法。

推土铲刀对土的作业过程包括两个阶段，第一个阶段是切削阻力逐渐增大的切削过程，即铲刀插入土一定深度后，开始沿推土方向切削土，随着铲刀位移不断增加，切削阻力也开始逐渐增大；第二个阶段是切削阻力稳定切削阶段，该阶段铲刀对土的切削达到满载状态，切削阻力不再进一步增加，持续切削土，切削阻力将围绕一个相对稳定的值上下波动。

实际工程中的土的切削与推运，其过程是从渐变趋向稳定的，反应在切削阻力上，其变化也是相同的。虽然对土的切削与推运的研究指的是土的切削与推运过程达到稳定后的切削状态，但从对切削过程观察可以知道，土剪切破坏不是引起这一渐变过程的原因，在整个切削过程中土剪切破坏是始终存在的，并具有相对稳定的特征。切削过程渐变产生的主要原因在于土的推运过程，由于在切削过程中，铲刀前端的土质量会随着铲刀的移动逐渐增加，在达到一定质量后，推土过程趋于稳定。因此，在建立土的切削与推运的静力学理论模型时，可以将土的切削与推运过程和土推运过程分离开来。

Yang-Sun 模型对推土机铲刀的作业过程进行受力分析，给出了铲刀前端与土的作用关系以及铲刀切削地面以下部分对土的切削与推运过程的受力分析，如图 3 – 12 和图 3 – 13 所示。根据试验结果，建立了铲刀对土的切削与推运的数学方程，式(3 – 19)和式(3 – 20)分别为切削力的水平分量和垂直分量计算公式。

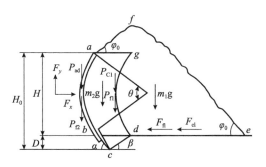

图 3 – 12　铲刀前端推运土受力分析

但 Yang-Sun 模型需要基于以下五个假设：

①切削过程不考虑平面铲刀的变形，将平面铲刀视为刚体；

②切削稳定时，土的切削与推运的动态过程将土视为可流动的，在静态分析时，将土视作均匀连续介质；

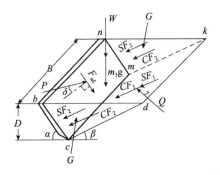

图 3 - 13 铲刀刃缘前端切削土楔形受力分析

③不考虑因切削导致土内部结构的变化；

④土的切削与推运产生的失效面是平面；

⑤切削过程平缓，切削机构无惯性力。

水平牵引力： $F_x = P \cdot \sin(\alpha + \delta) + F_{f1} + F_{c1}$ $\qquad$ (3 - 19)

垂向作用力： $F_y = P \cdot \cos(\alpha + \delta) - (P_{f2} + P_{ad})$ $\qquad$ (3 - 20)

式中 P——铲板刃缘作用力，N；

$\quad\alpha$——切削倾角，(°)；

$\quad\delta$——土与铲刀摩擦角，(°)；

$\quad\beta$——失效角，(°)；

$\quad\varphi_0$——土堆积角，(°)；

$\quad F_{f1}$——土堆(f、g、d、e)与地面的摩擦力，N；

$\quad F_{c1}$——土堆(f、g、d、e)与地面的内聚力，N；

$\quad P_{f2}$——铲刀与切削土(a、b、d、g、f)与地面的摩擦力，N；

$\quad P_{ad}$——铲刀与切削土(a、b、d、g、f)与地面的内聚力，N。

Yang-Sun 模型将铲刀前土堆积分为两部分：一部分是被挤压在土堆和铲刀之间的土(a、b、d、g、f)，被积压在土堆和铲刀之间的土其含水量和对铲刀的黏附有关，另一部分是在铲刀作用下被推动的土(f、g、d、e)。因此，在计算水平牵引力时考虑土推运过程需要对土(f、g、d、e)施加的力，这部分力由土堆和地面的摩擦力以及土的内聚力合成，这两部分里的计算需要用到库仑公式。

King 等在窄板工具进行对比试验分析时采用了 Yang-Sun 模型[46]，其研究表明 Yang-Sun 模型对力的预测高于试验土所需的实际切削力，因此认为该模型对模拟月球土的 Ottawa 沙和 JSC – 1A 沙的切削与推运阻力分析是相对保守的。

3.4　土的切削推运简化模型

3.4.1　I 型铲刀土的切削与推运简化模型

土的切削与推运过程会经历两个阶段，第一阶段为切削阻力持续增加阶段，第二阶段为切削阻力相对稳定阶段，前一阶段土不断堆积，后一阶段土堆积达到稳定。图 3 – 14 给出了土堆积稳定的轮廓线，从轮廓线的边缘看，上轮廓线和前轮廓线均近似呈抛物线。切削过程中，由于铲刀对土挤压作用，被切削土始终存在一个失效面，该面在铲刀对土的切削中不断前移，土的堆积过程是失效土向上流动形成的。图 3 – 14 还给出了平面铲刀切削与推运土的三维模型，其中，参数 w 为铲刀宽度；B 为铲刀沿切削方向投影的高度；d 为切削深度；l 为切削位移；v 为切削速度。

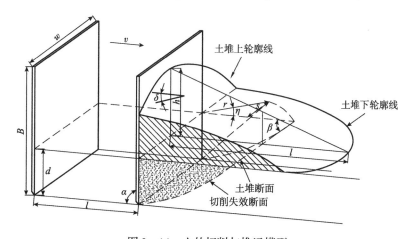

图 3 – 14　土的切削与推运模型

从图可以看出，土堆上轮廓线中心点、土堆下轮廓线中心点和铲刀与地面相交线的中点确定了一个沿切削方向上的中心平面，该平面所在土堆断面由两条直线和一条曲线围成，理论上该土堆断面是所有沿切削方向的断面中面积最大那一个。为了进一步简化计算，将曲线采用直线近似，此时，土堆断面也变成了一个三角形。切削失效断面与土堆断面相似，也是一个由两条直线和一条曲线围成的三角区域，将失效断面的曲线也近似为直线。

结合上面的平面铲刀切削理论模型和曲面铲刀土推运模型，建立适合本文土物理特性的切削阻力模型。本文土的切削与推运试验所用砂土与 Shmulevich 所采用的土物理特性非常接近，因此，在理论计算时，以式 (3 – 11) 为基础，但为了简化计算过程，将对方程进行简化。首先，根据土的切削与推运阻力研究成果，忽略黏附力 C_a 的影响[95]。

则求解方程简化为：

$$P = \left(\gamma g d^2 N_\gamma + c d N_c + q d N_q \right) w \tag{3 – 21}$$

$$H = P \sin(\alpha + \delta) + F_m \tag{3 – 22}$$

$$V = P \cos(\alpha + \delta) \tag{3 – 23}$$

垂直阻力对切削阻力的影响远远小于水平阻力[126]，因此，垂直阻力仍可按式(3 – 23)进行计算。这里需要指出，垂直阻力的测量是比较复杂的，通常误差范围比较大，但垂直阻力与水平阻力的变化趋势基本一致，都随着切削倾角的增加而增加。垂直阻力在切削倾角较小时为负值，切削倾角较大时为正值，故而存在一个垂直阻力为零的切削倾角，Godwin 在窄铲刀的切削试验中指出该切削倾角在 67.5°左右[127]。而且根据经验，在切削倾角不大时，垂直阻力通常远小于水平阻力，切削倾角较大时，可以采用保守的估计方法预估垂直阻力。

本文所进行的切削阻力试验以水平切削阻力为对象，并通过理论计算和试验进行对比，对切削阻力的变化规律进行研究。通过对水平阻力计算值与实测值的比较，为了获得较为接近实测值的预测模型，本文对水平阻力计算模型进行了经验修正，在原水平阻力计算模型前乘以一个修正系数，修正系数是一个与切削倾角和切削深度相关的函数，经验修正后的水平阻力计算模型为：

$$H_{\text{修正}} = 2.89(1 + \cos^2\alpha)\sqrt{d} \cdot [P\sin(\alpha + \delta) + F_{\text{m}}] \qquad (3-24)$$

该计算模型仍有 3 个参数 η、q、F_{m} 需要确定。η 的确定方法 Swick – Perumpral 给出了一个经验公式，通过理论分析，η 对切削阻力的影响并不大，因此，结合试验研究，对 η 取了固定值 45°，q 和 F_{m} 采用下述方法来确定。

在确定 q 和 F_{m} 这两个参数前，首先对土堆几何形态和切削失效区域进行几何近似，根据铲刀前土堆形态的几何特征，将铲刀前端中心楔形区域视为一个三棱柱结构，且在铲刀宽度范围内的断面结构采用最大面积的断面替代，该最大面积由铲刀地面以上触土高度 h 和土堆最大前移距离 b 确定，两侧的土失效区域，假设为对称几何形态，均视为三棱锥，三棱锥的底面积就是土堆断面，另一个参数 c 由铲刀边缘与地面交点到土堆两侧垂向最外沿的长度确定，几何形态简化如图 3 – 15 所示。这样的几何近似在后面的试验中得到验证，其体积的理论计算误差不超过 5%，因此在工程实际中是可行的。

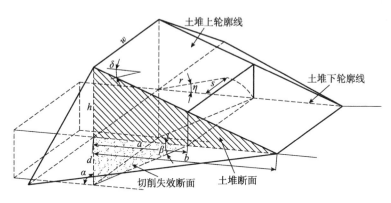

图 3 – 15　土的切削与推运模型几何形态简化

将上述三维几何形态的最大断面表述在二维平面中，如图 3 – 16 所示。q 是切削断面上方所受到的土堆积压力，在三维空间里该受压区域的面积为铲刀宽度 w 和土堆失效距离 a 的乘积，首先计算出四边形 $OAFD$ 断面面积，该面积再乘以铲刀宽度 w，从而可以近视得到作用在地面上堆积土的体积，通过体积转化成质量，然后按均布压力求解作用在地面上土堆积压力，因此 q 的计算公式为：

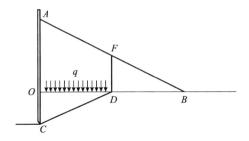

图 3 – 16　土的切削与推运模型几何形态简化

$$q = \rho g \left(1 - \frac{r}{2b}\right)h \qquad (3-25)$$

其中：
$$r = d(\cot\alpha + \cot\beta)$$

特别地，当切削倾角为 90°时，

$$q = \rho g \left(1 - \frac{d\cot\beta}{2b}\right)h \qquad (3-26)$$

F_m 根据库仑剪切强度定量进行估算，将三角形 OAB 断面形成的三棱柱区域的土质量计算出来，根据公式(3 – 1)可以计算推动该区域土所需的剪切强度：

$$\tau_m = c + \rho g \frac{h}{2}\tan\varphi \qquad (3-27)$$

$$F_m = \tau_m b w \qquad (3-28)$$

为了获得更加准确的水平阻力计算模型，本文以实验数据为基础，给出了通过数值方法获得的适合砂土的第二种修正公式：

$$H_{修正} = k\left[P\sin(\alpha + \delta) + F_m\right] \qquad (3-29)$$

其中，$k = m_0 + m_1\alpha + m_2d + m_3\alpha^2 + m_4\alpha d$，对于砂土有：

$k = (343.1 + 2.211\alpha + 9.029d + 0.01523\alpha^2 - 0.07780\alpha d) \times 10^{-3}$，$k$ 是与 α 和 d 相关的多项式函数。

3.4.2　L 型铲刀和 C 型铲刀土的切削与推运模型

由于 L 型铲刀的特殊结构，需要考虑水平铲刀长度在土中插入阻力 F_c。本文给出 L 型铲刀水平阻力的计算公式为：

$$H = P\sin(\alpha + \delta) + F_m + F_c \tag{3-30}$$

式中　F_c——水平铲刀的插入阻力，N。

插入阻力的计算采用姚践谦建立的理论计算模型[80]，该模型以楔块插入砾石和矿物的实验为基础，通过统计学方法给出了可信度为 0.9 的插入力计算公式：

$$F_c = 0.767wKl^{0.56}g \tag{3-31}$$

式中　K——为块度影响系数，$kg/m^{-3/2}$；

　　　w——水平铲刀宽度，m；

　　　l——为插入深度，m。

为了简化计算，将插入深度的指数修正为 0.5，则插入阻力计算公式为：

$$F_c = 0.767wK\sqrt{l}g \tag{3-32}$$

对确定的 L 型铲刀，在切削过程中，水平铲刀始终插入土，因此，式 (3-30) 中的插入深度可以用水平铲刀长度替代，由于其水平铲刀长度是不变的，因此，插入阻力也是一个定值。式中的块度影响系数 K 需要通过试验进行确定。

本文提出了切削刃缘位置相同比较条件，在第 6 章中对切削刃缘位置相同条件作出了详细解释，得出了切削刃缘位置相近条件下切削阻力相近的结论。这里将 C 型铲刀与 I 型铲刀进行比较，存在切削刃缘位置前移的情况，因此，在采用理论方法计算 C 型铲刀的切削阻力时，可以通过 I 型铲刀在相同切削刃缘位置前移条件下进行近似计算。

4 试验装置与铲刀结构设计

有效的土的切削与推运试验结果需要可靠的试验装置来保证。为了设计适合土的切削试验和推运试验装置，从常见的试验装置入手，比较分析了各试验装置的优缺点。以轻量化和移动便捷设计为目标，同时，考虑了试验装置切削过程的稳定性，对试验装置结构进行了改进；对铲刀结构进行了设计，建立了从 I 型铲刀到 L 型铲刀，再从 L 型铲刀到 C 型铲刀的过渡设计方案；对土堆积的几何形态进行了分析，并以分析结果为依据，设计了土几何形态测量装置。

4.1 常见试验装置

4.1.1 主要试验装置结构

试验装置对土的切削与推运的研究至关重要，已开展的多数土的切削与推运试验研究大多数都是在试验台上完成的。比如一些研究机构在专用试验平台上开展试验研究，在国内，吉林大学的土槽台架实验室比较具有代表性，如图 4 - 1 所示，该机构开展的相关试验研究大多数都是在该台架上完成的[128]；此外，还有长安大学[129]的土槽试验室也可以开展各类型的土的切削与推运试验。

图4-1 吉林大学切削试验测试系统

除了这些专用试验台，不少研究人员自行设计了适合自身试验研究的土的切削与推运装置，虽然这些试验装置在结构和运动方式上存在一定差异，但其工作原理基本是相似的，下面将介绍几种比较有代表性的土的切削与推运试验装置。

北京农业工程大学的张招祥在研究链式窄形切刀对冻土的切削试验中，自行研制了冻土切削试验台[86]，如图4-2所示；刘述学在进行土的切削与推运时设计的试验装置，采用相对运动转换的思路，如图4-3所示，装置将试验刀具固定，设计了移动式土槽，通过液压缸推动土槽实现土的切削与推运[130]。

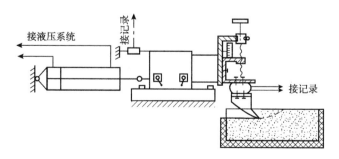

图4-2 冻土切削试验

国外的土的切削与推运装置种类更为广泛，在星球探索、工程作业、农业耕种等领域均有相关研究报道，NASA Glenn Research Center 研制了半智能化挖掘装置，并在不同工况下进行了一系列挖掘试验，如图 4 – 4 所示[52]；图 4 – 5 为日本的九州大学和太空宇航科学研究院等机构在行星探索研究中，采用自行设计的研究装置进行土物理参数 C 值和 φ 值的评估[54]；图 4 – 6 给出了农业耕作的室内试验装置，沙箱内预制不同物理特性的土，测试不同土的强度、内摩擦力等[64]。

图 4 – 3 可移动土槽试验桩图

图 4 – 4 半智能化挖掘装置

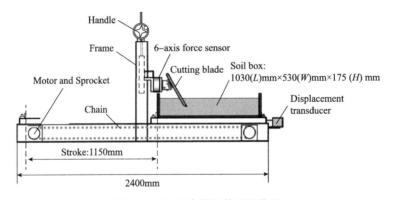

图 4 – 5 物理参数评估试验装置

图 4 - 6　农耕类试验装置

4.1.2　常见试验装置优缺点分析

上述试验台无论用于何种土的切削与推运的试验研究，都有四个共同特点：一是试验装置均包括沙箱(土槽)和位于沙箱上部的切削与推运工作系统，通常情况下，工作系统与沙箱(土槽)发生相对运动，沙箱(土槽)装满被切削土，土设置不同的物理特性，进行土的切削与推运试验研究；二是铲刀和车架之间需要设计专用压力传感器进行切削阻力的数据采集[131]；三是铲刀对土的切削与推运所需的牵引力由轮轨之间产生的摩擦力提供；四是土的切削与推运的稳定性均与设备自重关系密切。

试验设备由于研究的对象和目的不同，在结构上会存在显著差异，但其最大的不同之处体现在试验装置的驱动方式上，主要有三种动力提供形式：一种是电机驱动型，另一种是油缸驱动型，还有一种是链条驱动。

基于从试验效果看，台架试验有以下优点：

(1) 由于试验装置自重较大，故而试验过程中切削土的附着性能好，且切削过程的阻力波动相对较小；

(2) 台架配置设计的专用数据采集传感器，可提高试验数据采集的准确率，为结果分析提供可靠依据；

(3) 部分试验台可以开展较大工作装置的土的切削与推运试验研究，

能直接针对切削工具进行土的切削与推运的定量研究。

但台架试验也存在一定的缺陷。首先，由于台架试验设备是固定的，切削试验只能在切削工具安装位置开展，因此，切削试验的可重复性不佳，在一次试验完成后，再进行下一次切削试验时，一般需要对土进行回填压实，回填后，两次土的物理特性应保持一致。当试验需要在相同条件下进行多次时，试验过程应基本实现土物理特性的统一性。通常在试验结束后，用新土置换旧土，经电动振实器压实后刮平以减少随机干扰[128]，这在土物理特性的控制上是较为复杂的。其次，台架试验的灵活性和机动性较差，只能在相对确定位置开展试验研究；台架试验装置的结构复杂，传感器布置在铲刀和台架之间，采用压力测试数据替代切削阻力值，对传感器的安装和采集精度较高。再次，虽然能够预制土特性，实现可控的切削试验条件[132]，但预制土特性过程耗时较长，一次试验要开展大量准备工作，试验过程相对繁杂，试验效率不高；此外，大多数台架试验设备的切削车架和导轨是可分离的，切削过程的运动由车架自身重量保证，当切削阻力过大时，车架可能会出现车轮尾翘和侧翘等离轨现象，这会影响切削过程数据采集的准确性。

上述缺点中，移动不便的缺陷比较显著，当需要开展工程现场土的切削与推运试验时，由于现场土的物理特性具有较强的随机性，设备的局限性更为突出。因此，设计一种可以实现重复作业且能有效开展实地试验的土的切削与推运试验装置十分必要，在有效进行试验的同时，提高试验结果对比分析的准确性。

4.2 土的切削与推运试验装置设计

4.2.1 总体方案

为了较为准确地测试水平切削阻力，土的切削与推运试验装置设计以传统切削试验装置结构为基础，在比较分析了传统切削装置的特点后，需要针对几个结构改进：第一，是否能方便地进行同一土特性下的重复切削试验？第二，是否能通过大大减轻切削装置自重提高试验效率并较少能源消耗？第三，是否能实现切削推土作业方式的改变？第四，是否能将沙箱省去使试验装置移动方便？第五，是否能简化数据采集方法？

根据上述思路，对试验装置的结构进行改进，使土的切削与推运试验装置能便捷高效地开展试验研究。改进后的试验装置主要由刚性框架、铲刀车架、牵引装置、拉力传感器和数据采集系统五大部分组成，试验装置总体结构如图4-7所示[133]。

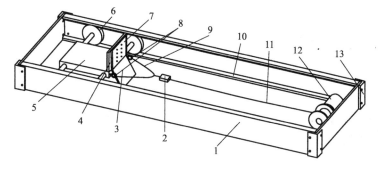

图4-7 试验装置

1—框架；2—拉力传感器；3—铲刀；4—竖板；5—承载板；6—车轮；7—安装板；8—拉环；9—拉栓；10—轨道；11—钢丝绳；12—牵引装置；13—角钢

机构的运动关系为：框架1是拼装结构，由4块两两相同的侧板通过角钢13采用螺栓连接而成，框架具有良好的刚性，整体可以平整地固定在地面上；框架的长边上还接有上下相对的四条V形导轨10，切削车架放置在该轨道之中，结构保证了试验时装置运动的稳定性；切削车架由垂直板4、承载板5和车轮6构成，铲刀3采用螺栓安装，拉栓9安装在车架牵引端，拉环8连接在拉栓9上，通过拉力传感器2与钢丝绳11连接，牵引装置12固定在框架短边的前端，以卷扬运动方式使车架实现直线运动。其中拉力传感器12通过电缆与数据采集分析仪连接，试验时可以实时采集切削阻力数据；通过控制卷扬机的开关按钮实现小车的前进和铲刀9对土的切削，切削时通过数据采集分析仪采集切削阻力。

4.2.2 结构特点

试验装置可分为固定机构和运动机构两部分，固定机构包括矩形框架、导轨、牵引装置，运动机构有车架和切削工具系统。试验装置在保持土的切削与推运功能的同时，进行了较大的结构简化，使试验装置自重大大减轻，可以实现方便移动，为开展重复性实地试验提供了有效工具。

（1）刚性框架及轨道

切削试验装置运行过程的稳定性是土的切削与推运试验的效果重要保证。在实际应用中，土的切削与推运是一个强制过程，从铲刀入土到稳定切削，机械通常将切削工具固定在一个稳定的切削深度上，能保持这种状态，靠的是机械的自重，如推土机、犁地机等，都是靠较大的自重实现土的切削与推运过程。当切削阻力较大时，这类机械仍然会出现敲尾或者侧切等不利土的切削与推运的现象。此外，当通过试验装置的自重保证切削过程的相对稳定性时，这还必然会增加切削过程中的能量消耗，因为牵引做功的很大一部分能量都将给机械的自身运动提供动能。

为了使切削的运动过程相对稳定，试验装置在导轨上进行了改进，车架整体采用框架结构，各边采用螺栓连接而成，保证其具有足够的刚度；为方便轨道设计，矩形边采用了"C型钢"替代，在C型钢的上下边缘内侧位置分别焊接了角钢，形成尖角相对的夹持轨道，车轮也采用与夹持轨道配合的V形嵌入式结构，使车轮沿垂向和侧向的运动被导轨约束，但结构配合处设计了约5mm间隙余量，避免出现斜向的卡阻；在导轨的限制下，车轮只能沿切削方向运动，因此，很大程度上避免了切削过程中的翘尾和侧切现象，使试验过程更加稳定，车轮与导轨纵向剖面图如图4-8所示。

这样的轨道设计方案使试验装置具有更好的使用灵活性，方便了试验装置在室内土槽实验室和室外试验场地的移动，提高了试验的可重复性，避免了小车在运行过程中的翘尾现象，保证了铲刀切削始终在同一深度上进行。设计无需通过加大小车自重提高切削过程的稳定性和附着力，而且可以使切削装置的自重大大降低，节约了试验成本，保证了试验的方便开展。

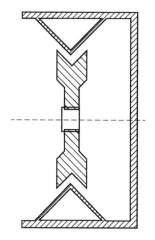

图 4 - 8　车轮与导轨纵向剖面图

（2）自重

上面已经提到了切削装置自重的减轻，此处，还需要强调自重减轻可以突出机械改进后的另一个功能，就是方便实现重复试验，在一个较大区域内同时预制土，这样能更大程度上保证土物理特性的一致性，在这样的预制土上完成一次切削试验后，基于试验装置自重小的特点，可以对装置进行平移，在下一个位置再次进行试验，这样试验过程使数据的可对比性增强，与一些需要进行土回填后再进行试验的研究相比，该方法具有一定的优越性。

对于重复性土的切削与推运试验的问题，可以从试验装置的可移动性入手，在一块试验场地内，预制面积较大的土的切削与推运区域，使该区域内的土物理特性一致，则在该区域不同位置开展切削试验，就能实现重复性试验，在一些较大的台架上，该重复性试验可以实现。但在开展实地试验的时候，大多数试验装置都有局限性。

（3）铲刀车架

铲刀车架由车体、铲刀安装板、轮轴和车轮组成。车体强调整体的稳定性，车体前端设计了垂直的铲刀安装板，如图 4 - 9 所示。铲刀与铲刀安装板通过螺栓连接固定在车架上，铲刀安装板上加工了通孔槽，方便沿槽垂直方向调整铲刀的切削深度，为了方便更换铲刀和调整切削深度，铲刀安装板上设计了刻度标记。

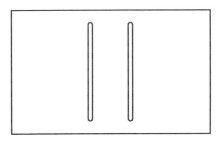

图 4-9　车架支撑板垂直槽

（4）牵引方式

牵引装置作为土的切削与推运的动力源，采用卷扬运动方式使圆周运动转换为直线运动实现牵引，牵引装置安装在刚性框架短矩形板的一侧。根据土物理特性以及铲刀的几何特征，设计最大牵引力为6kN，牵引装置的牵引力方向位于两车轮轴形成的水平平面内，保证了在切削过程不产生沿轮轴旋转方向的扭转力矩，最大程度上避免切削过程中翘尾现象。

传统的牵引方式都是铲刀固定在牵引机械上，无论何种土的切削与推运过程，切削工具与机械的连接都是刚性的，牵引过程本质上是由机械与地面的摩擦阻力提供的。但试验采用这样的方法使切削阻力测量过程变得较为复杂，大多数研究人员都是通过设计专用的传感器来进行数据采集的。由于采用V形导轨结构，使车架的自重大大减轻，因此，对土的切削与推运的牵引方式也进行了改进，在试验中采用了卷扬机拉拽的柔性牵引方式，牵引力由钢丝绳传递，通过钢丝绳的卷扬运动转化为切削过程的直线运动，无须考虑卷扬运动的机械特性，仅需对直线运动过程进行关注即可。

牵引过程在刚性框架的轨道上完成，全部机械部件构成了一个整体，在进行土的切削与推运时，导轨相对位置不变，因此，可以看作机械结构平衡的一个内力，在钢丝绳与铲刀车架的连接处安装了一个拉力传感器，所以力的测量过程变得较为简单。

（5）数据采集

牵引装置的切削阻力试验数据采集通过一个拉力传感器实现，传感器连接在车架牵引绳和动滑轮机构之间，切削试验过程通过 Dewesoft 的应力应变仪记录处理。采集仪器根据设计原则，为防止因意外导致牵引力测量值超出牵引装置的额定载荷，拉力传感器的最大量程应大于牵引装置的额定载荷，因此，试验选择的传感器最大量程为 10kN。传感器测试会受到激励电压、环境温度等因素的影响，因此，测试前应进行标定[134]。标定通常采用标准砝码加载方式，其目的是为了检测传感器的线性度和测试误差，并在多个传感器中进行优选，从而保证测试结果的可靠性。

试验对 2 个传感器 0～4kN 的量程范围进行了标定，标定采用 40kg 标准砝码，按顺序逐一加载至 400kg，然后再逆向逐一卸载，加载和卸载标定测试值如表 4-1 和表 4-2 所示，加载和卸载标定曲线如图 4-10 和图 4-11 所示。从传感器标定对比结果看，传感器 1 和传感器 2 的线性度均较好，但传感器 1 的标定测试误差较传感器 2 小，因此，选择了传感器 1 进行切削阻力试验。

表 4-1 加载过程标定测试值

砝码数量	1	2	3	4	5	6	7	8	9	10
传感器 1 标定值/kN	0.43	0.87	1.28	1.68	2.11	2.52	2.95	3.36	3.77	4.17
传感器 2 标定值/kN	0.45	0.88	1.29	1.70	2.15	2.56	2.97	3.42	3.84	4.25

表 4-2 卸载过程标定测试值

砝码数量	10	9	8	7	6	5	4	3	2	1
传感器 1 标定值/kN	4.17	3.76	3.36	2.93	2.51	2.10	1.68	1.26	0.86	0.44
传感器 2 标定值/kN	4.25	3.83	3.42	2.96	2.54	2.14	1.70	1.28	0.87	0.46

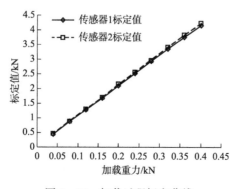

图 4-10 加载过程标定曲线

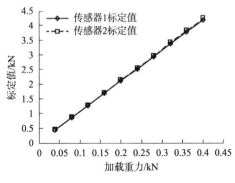

图 4 - 11　卸载过程标定曲线

4.3　土的切削与推运工具设计

4.3.1　Ⅰ型铲刀

平面铲刀是广泛应用的土的切削与推运试验研究工具，很多切削理论和经验公式都是在平面铲刀切削试验基础上得到的[135,136]。这里所说的Ⅰ型铲刀就是平面铲刀，根据土的切削与推运试验的需要，这里设计了两种Ⅰ型铲刀结构，如图 4 - 12 所示。图 4 - 12(a)为纯Ⅰ型结构，图 4 - 12(b)对平面铲刀做了简单的结构改进，可视为变形Ⅰ型铲刀结构，虽然结构上有所变形，但地面以下土的切削与推运部分的机构仍为平面。这里采取变形Ⅰ型结构的主要目的是为了使铲刀和车架的连接结构更紧凑，在相同切削倾角的条件下减小铲刀前移尺寸，提高切削过程的稳定性。其中垂直面是铲刀与车架的支撑接触面，在实际切削过程中，铲刀的切削触土平面仍是斜面部分，因此，将图 4 - 12(b)所示结构仍视为Ⅰ型铲刀。但Ⅰ型铲刀的两种结构与车架连接时的方式存在一定差异，图 4 - 12(a)所示结构是一个平面，因此，切削倾角小于90°时，需要工装保证切削角度；图 4 - 12(b)所示结构拥有垂直平面，可以通过螺栓直接安装在车架上。

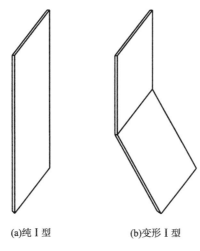

(a)纯 I 型　　　　　　　(b)变形 I 型

图 4 - 12　I 型铲刀结构

4.3.2　L 型铲刀

对平面铲刀进行结构改进的目的是为了改善工具的切削性能,在不改变切削倾角的前提下,L 型铲刀(直角铲刀)是 I 型铲刀(平面铲刀)最简单的几何变形,通过对 I 型铲刀在垂直状态下加装水平铲刀即可实现,如图 4 - 13 所示。

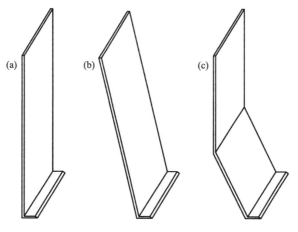

图 4 - 13　L 型铲刀结构

图 4 - 13(a)为平面铲刀在切削倾角为 90°条件下的 L 型铲刀结构;图

4-13(b)为切削倾角小于90°条件下的L型铲刀结构，结构(b)在外形上近似L型铲刀，其差异在于平面铲刀与地面的切削倾角小于90°；图4-13(c)是在变形I型铲刀结构的基础上加装水平铲刀得到的。

但这里对以L型铲刀为研究对象需要做几点说明：

(1)纯L型铲刀结构在现有的实际工程机械中并不存在，因此，对L型铲刀进行试验研究，其结构是在工程实际中抽象出来的，但在一些试验研究中，会采用L型铲刀结构。还有一些农用作业工具中有一些类似L型结构的切削工具，但农用切削工具的作业目的与工程施工不同，主要是不存在对土的推运作业过程。

(2)当L型铲刀的水平铲刀长度变化时，可以视为不同结构铲刀，因此，L型铲刀可以通过水平铲刀长度为变量实现不同结构铲刀之间切削阻力的对比试验研究。

(3)对L型铲刀切削阻力变化的研究，是以试验为基础的切削理论探索，目的是利用此类铲刀结构水平铲刀对土的直剪作用，将上层土直接剥离基体，实现切削作业的改善和切削过程的优化。

对I型铲刀加装水平铲刀形成L型铲刀，是试验理论指导下铲刀结构改进的一种方向，而不是将工程应用中存在的某种铲刀结构作为研究对象。因此，要对L型铲刀进行应用，还需要在实际工程中进一步探索其应用方法。

作为一种简化抽象的铲刀结构，由于水平铲刀的存在，L型铲刀在实际工程应用中存在入土性能较差问题，在试验研究时，为了使试验装置机构简化，对于切削深度的确定是通过预埋的方式实现的，这样切削试验可以保证切削过程始终保持同一深度。

4.3.3　C型铲刀

C型铲刀是实际应用中常见的铲刀结构，如图4-14所示。如推土机、平地机等土的切削与推运作业机械的铲刀结构都是类似形式。但由于实际应用的C型铲刀结构并无基础的设计方法，通常是通过仿生、二次曲线模拟和圆弧设计实现的，这里提出的 C 型铲刀的设计方法是由 I 型铲刀到 L 型铲刀变化而来，因此，C 型铲刀可以以 I 型铲刀和 L 型铲刀的切削理论为基础。

图 4 - 14 C 型铲刀

本书中的 C 型铲刀可以看作是对 L 型铲刀的进一步改进得到的，以平面铲刀 I 型为基础结构，对铲刀的入土尖端进行了结构变化，在其切削土方向上加装了水平铲刀，演变出 L 型结构铲刀；当改变 L 型铲刀垂直铲刀和水平铲刀的夹角时，L 型铲刀的结构会异化，出现多种 L 型铲刀到 I 型铲刀的过度结构，从结构上看，L 型铲刀和变形的 L 型铲刀均可以看作是由两块铲刀构成的；对 L 型铲刀进一步改进，当 L 型铲刀变为由三块或者三块以上铲刀构成时，通过改变铲刀之间的夹角，当其结构过度是由多段构成时，假设在一定尺寸范围内，构成的尺寸足够多时，就会设计出 C 型铲刀，

上述铲刀结构改进采用了几何设计的改进思路，下一章将通过土的切削与推运试验，对切削工具几何结构改进后的土的切削与推运效果进行验证。

5 铲刀与级配土的相互作用关系

以级配土为切削对象，采用设计的 I 型铲刀和 L 型铲刀开展了土的切削与推运试验研究；分析了 I 型铲刀对级配土切削过程的变化规律以及土的切削与推运过程的切削机理；对不同切削倾角下 L 型铲刀对土的切削过程进行试验研究，优选出不同切削深度下 L 型铲刀水平铲刀的最佳长度，确定了优选值随切削深度的变化规律，对 L 型铲刀区别于 I 型铲刀的 4 个特征进行了分析；同时，还确定了 L 型铲刀水平铲刀长度对土的切削与推运的有益影响范围。

5.1 土的切削与推运试验条件及切削参数

5.1.1 级配土物理特性

级配土由砂土、旱砂和黄土构成，各成分所占比例分别为 50%、20% 和 30%。对级配土进行了筛分试验，土小于给定粒径的土质量分数如表 5-1 所示，土粒径级配曲线如图 5-1 所示。在试验现场测定的级配土的含水量在 5.0%~6.0% 之间，土密度为 1.62g/cm³ 左右。

表 5 – 1　级配土粒径分布

粒径/mm	5	2	1	0.5	0.25	0.074
级配土小于该粒径的土质量分数/%	100.0	93.8	65.0	18.5	4.4	0.6

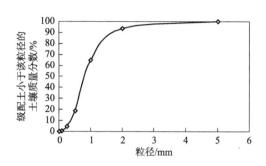

图 5 – 1　两种试验土粒径级配曲线图

5.1.2　级配土切削试验参数

在土物理特性条件确定的情况下，有 4 个主要参数会影响土的切削与推运，分别是切削深度、切削宽度、切削倾角和切削速度[137]。本书在对平面铲刀进行结构改进时引入了水平铲刀，因此还需要确定水平铲刀的长度。下面根据试验设计和前人的研究经验对 5 个参数进行确定。

（1）切削深度

在土的切削与推运过程中，切削深度会根据实际切削工况不断变化，Hettiaratchi 和 Reece[14]在对土的切削与推运过程的死区进行研究时，选择固定切削深度 100mm；Yang 和 Sun[119]对切削深度选择进行了细化，每增加 8mm 进行一次切削试验，所得数据的切削深度变化值为 10mm、18mm、26mm、34mm 和 42mm；Ren[44]等在试验中将切削深度设置为固定的 150mm。因此，切削深度的选择是根据试验需要而确定的，本章在研究切削阻力随切削深度的变化规律时，基于试验装置的特点，避免了太细化的切削深度选择给试验会带来的困难，为了减小误差带来的影响，选择了 30mm 差值的递进方式，对级配土确定了 4 种切削深度，切削深度值如表 5 – 2 所示。

表5-2 级配土切削深度

土种类	切削深度/mm			
级配土	30	60	90	120

（2）切削宽度

大量以窄板为切削工具的土的切削与推运研究，其工具宽度通常比较小[138,139]，Payne 在开展土的切削与推运试验研究时假设铲刀的宽度和切削深度的比值为 1：1[12]，Fielke 采用有限元方法研究了几何刃缘宽 400mm 的犁对土的切削与推运的影响[140]，通常所谓的宽板指的是切削宽度与切削深度的比值大于 10 的铲刀结构[61]，这里对切削宽度选择主要是考虑便于试验开展，由于切削深度最小值为 30mm，因此铲刀宽度选择了其值的 10 倍，确定了铲刀宽度为 300mm。

（3）切削倾角

切削倾角对切削阻力也存在显著影响，以 90°切削倾角为基础切削值，在对级配土进行切削试验时，为了使切削数据对比比较明晰，以 15°为差值作为切削倾角的变化范围，设计了 5 种不同的切削倾角，如表 5-3 所示。

表5-3 级配土切削铲刀切削倾角

土种类	切削倾角/(°)				
级配土	90	75	60	45	30

（4）切削速度

切削速度的确定有比较大的选择范围，研究表明，在低速条件下，该值对切削阻力的影响不大[141]。因此，切削速度由牵引装置的牵引速度来确定，装置的牵引速度约为 0.12m/s，因此，所有切削试验都是在该速度下完成的。

（5）水平铲刀长度

本书对平面铲刀结构的改进，是从 I 型铲刀向 L 型铲刀过度的，因此，水平铲刀长度是结构改进的一个重要参数，通过对 I 型铲刀加装水平铲刀改善切削阻力，为了有效对比水平铲刀对切削阻力的影响，以 6 种长度进行试验对比研究，每种长度以15mm为差值递进，如表5-4所示。

表5-4　级配土切削铲刀水平铲刀长度

土种类	水平铲刀长度/mm					
级配土	15	30	45	60	75	90

5.1.3　级配土切削试验过程

对级配土进行切削试验的试验装置按照第3章介绍的试验装置进行设计，如图5-2所示，试验装置长为4000mm，宽为1200mm，高为240mm。为了使土的切削与推运试验结果相近，增强切削试验结果数据对比的有效性，需要保证切削试验的开展是在相同的土物理条件下进行的。因此，对土槽内的一片较大区域进行了平整，对该区域进行相同的处理，使土物理特性相近，并可以在所平整区域能开展多次切削试验。

根据土的切削与推运试验设计，同一铲刀结构在不同切削深度下的土的切削与推运试验在所平整的土区域开展，利用试验装置移动较为方便的特点，当一组试验中一个铲刀结构的切削试验完成后，直接平移切削装置进行另一个铲刀结构的土的切削与推运试验。

在进行下一组（另一种铲刀结构在四种切削深度下的试验）切削试验时，回填土，对土进行与上一次试验前相同的压实处理。为保证切削试验的准确性，选择两个点测定土密度，保证土密度在$1.5 \sim 1.7 \mathrm{g/cm^3}$之间。

图5-2　级配土切削试验装置

在对级配土进行切削时，由于多次切削后回填土会导致土的含水量下降，因此，切削试验注意水的补充。由于同一铲刀在不同切削深度下进行的切削试验是在土的物理特性相对一致的条件下完成的，因此，提高了试验结果对比的准确性。

5.1.4 级配土切削试验空载切削阻力

将试验装置固定在土表面，铲刀安装在车架上，车架上的垂直刻度用来控制切削深度，每个铲刀结构在四种不同切削深度下进行土的切削与推运试验；为防止导轨框架结构移动和车架因切削阻力过大而出现翘尾现象，在导轨车架上加载了配重。在切削试验开始前，对空载情况下拉动车架及铲刀移动的牵引力进行了测试，测试结果如图5-3所示，所得数据的横坐标为位移，纵坐标为总拉拽牵引力，在对系统摩擦力进行测试时，这部分力为车架牵引力和机构摩擦力的和，平均牵引力约为0.04kN。

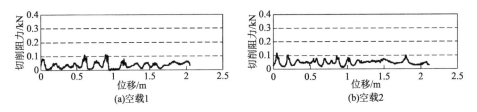

图5-3 空载牵引力测试曲线

对土进行切削时，总牵引力是由土的切削与推运阻力、车架牵引力以及机构摩擦力三部分的和组成，根据上面的试验可知，由于车架牵引力和机构摩擦力的合力较小，这部分力对切削过程的影响不大，在切削深度较小时，约为总牵引力的8%左右，可以近似不考虑这部分力对切削过程的影响；随着切削深度的不断增加，切削阻力也将增加，在切削深度较大时，仅为总牵引力的2%左右，所以车架牵引力和机构摩擦力对切削阻力的影响可以忽略不计。下文中所有土的切削与推运试验结果，均采用所测试的总拉拽牵引力表示土的切削与推运阻力的变化规律。

5.2 I型铲刀对级配土的切削试验及切削机理

5.2.1 级配土切削I型铲刀

对级配土进行切削试验的 I 型铲刀结构在上一章中已作了基本介绍。对级配土切削的 I 型铲刀结构进行简单的改进，即切削倾角小于 90°的铲刀均存在一个垂直平面，其主要原因是为了使铲刀与车架的连接更稳定，铲刀结构如图 5-4 所示。针对 I 型铲刀土的切削与推运试验的试验参数确定按照 4.1.2 中所给原则进行。试验选择了 30mm、60mm、90mm、120mm 四种切削深度与 90°、75°、60°、45°和 30°五种切削倾角，因此，该切削条件下，需要进行 20 组切削试验。

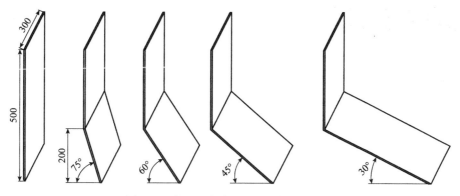

图 5-4 级配土切削试验 I 型铲刀结构图

5.2.2 I型铲刀切削级配土试验结果

所有切削过程均以恒定切削速度完成试验，大小约为 0.12m/s，完成一次切削试验需要 20s 左右。由于人为或者设备原因，切削试验存在用时较短的现象，但最短用时不小于 15s，就试验可切削位移而言，已达到 1.5m 以上，虽未完成整个切削过程，但已可以通过完成试验对切削阻力进行评价。因设备原因，试验过程的卡阻、切削不稳定等现象不可避免，但这一现象仅在部分切削过程中存在，因此，切削试验所得试验结果能反应切削过程的实际变化情况。

当切削深度为120mm，切削倾角度为30°时，在切削过程中，由于铲刀折弯处所承受力矩过大而产生了结构变形，因此，未采集到有效试验数据。因此，土的切削与推运试验需要提前对铲刀的机械强度进行计算，从而保证试验的有效性。除该组数据外，所获得其余切削条件下的土的切削与推运阻力变化曲线均比较稳定。图5-5～图5-9给出了平面铲刀在五种不同切削倾角下，不同切削深度的切削阻力变化曲线。

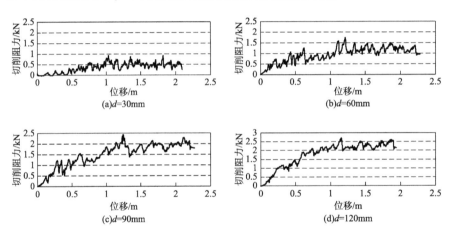

图5-5　Ⅰ型铲刀切削倾角为90°时在不同切削深度下对级配土的切削阻力变化曲线

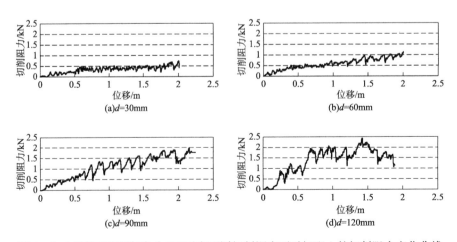

图5-6　Ⅰ型铲刀切削倾角为75°时在不同切削深度下对级配土的切削阻力变化曲线

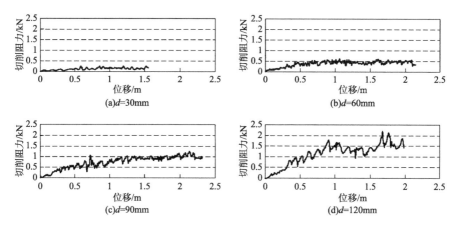

图 5-7　Ⅰ型铲刀切削倾角为 60°时在不同切削深度下对级配土的切削阻力变化曲线

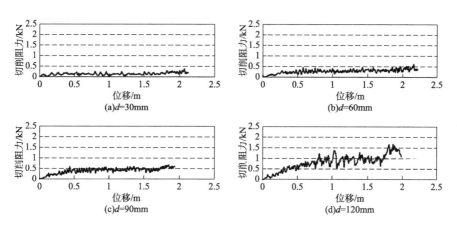

图 5-8　Ⅰ型铲刀切削倾角为 45°时在不同切削深度下对级配土的切削阻力变化曲线

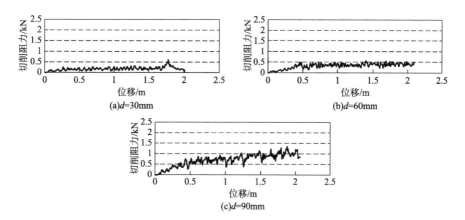

图 5-9　Ⅰ型铲刀切削倾角为 30°时在不同切削深度下对级配土的切削阻力变化曲线

5.2.3　Ⅰ型铲刀切削级配土试验对比分析

不同切削条件下，对级配土的切削过程经历了逐渐增加和基本稳定两个阶段。切削阻力均经历了从逐步增加到基本稳定的变化过程，切削深度越大，该变化过程越明显。从试验曲线可以看出，切削阻力在逐步增加阶段呈现"先快后慢"的变化规律，即曲线的变化率随切削阻力增大而逐渐减小，当切削阻力达到最大值后，曲线沿水平方向在一个稳定值范围内波动，且切削深度越大，该变化规律越明显。

在不同切削深度下，切削阻力随切削倾角的变化规律也具有相似性，由于切削级配土的切削倾角递进差值变化较大，因此，级配土的切削过程更能反映切削倾角对切削阻力的影响。图 5 – 10 给出了不同切削倾角下切削阻力随深度变化关系曲线，切削阻力随切削深度的变化关系基本是一致的，且均近似呈线性关系，即随切削深度增加，切削阻力随之增大。当切削倾角不同时，切削阻力随切削深度的变化率虽然存在差异，但也有规律可循，在切削倾角从90°到45°的变化范围内，切削阻力的变化率与切削深度成正比关系，即切削深度越大，变化率越大。这说明切削深度越大，切削倾角对切削阻力的影响越显著，切削阻力变化率90°时最大，45°时最小。

图 5 – 11 给出了不同切削深度下切削阻力随切削倾角的变化规律，从图中可以看出，切削阻力随切削倾角呈现"大 – 小 – 大"的变化规律。当切削倾角从90°开始减小时，不同切削深度下，切削阻力均随之减小，当切削倾角减小到45°时，切削阻力达到最小值，切削倾角继续减小，切削阻力不再减小，反而有所增加，这是由于土与铲刀的接触面积增加，铲刀在对土的切削与推运的过程中，铲刀的插入阻力增加导致的。因此，当只关注切削阻力时，切削倾角在整个变化范围内存在一个最优值，从有限的试验数据对比可以看出，切削倾角的最优值应该在45°左右。

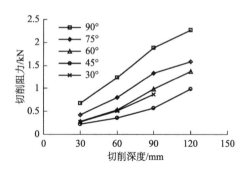

图 5 - 10　不同切削倾角度下切削阻力随深度变化关系曲线

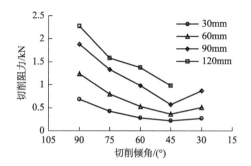

图 5 - 11　不同深度下切削阻力随倾角变化关系曲线

5.2.4　Ⅰ型铲刀切削机理分析

在Ⅰ型铲刀对土的切削过程中，对土的切削可以分解为两部分作业过程：其一是铲刀插入地面以下部分对土的切削作业；其二是铲刀在地面以上部分对切削土的推运作业，其切削土的切削机理如图 5 - 12 所示。

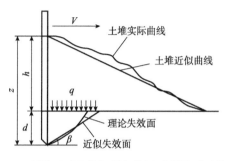

图 5 - 12　Ⅰ型铲刀对土的切削与推运过程的瞬时稳定状态

假设切削速度为 v，铲刀插入地面以下的深度为 d，铲刀前土堆积的最大高度为 h，当切削达到稳定状态时，堆积高度值也基本是稳定的，因此土的切削与推运过程的最大触土深度为 Z；此时，切削过程存在一个失效面，当切削阻力趋于稳定时，失效面也基本是确定的，也就是说，此时铲刀地面以下部分对土的切削作业和地面以上部分对土的推运作业都趋于稳定状态，实际情况下为一条曲线，在应用分析时可简化为一条直线；该直线与水平面的夹角 β 为土的剪切角；由于切削过程中土不断堆积，对土剪切的失效区域存在堆积土的重力作用，在计算土剪切力时，需要考虑该力的作用，可近似看作均布力 q；土剪切和推运过程伴随着土的流动，在重力作用下，土堆中心断面形成的曲线可以近似为一条直线。

与上述土的切削与推运机理相对应，切削过程的切削阻力也可以认为是两部分力的合成，一部分是土的摩擦力和重力，另一部分是土的内聚力[142]。在平面铲刀垂直于切削平面的条件下切削土，铲刀上的切削阻力无重力的直接作用，因此，重力的作用在该条件下可以忽略。从 I 型铲刀的切削过程来看，有以下几个特种：

(1) 从试验过程可以看出，切削过程会经历两个阶段：通常情况下，第一阶段是 I 型铲刀的切削阻力随着切削位移的增加逐步增大的过程；第二阶段是铲刀前土堆积达到稳定状态，也就是切削过程处于满载工作状态，此时，切削阻力趋于稳定，继续对土进行切削，切削阻力将在一个稳定值上下波动。

(2) 切削过程土的失效是铲刀对土的挤压作业造成的，当切削倾角较大时，这一现象更为显著，铲刀对土的挤压作用使土产生了一个失效平面，理论上该失效面在切削过程中可以看作是连续的，但实际切削过程中，失效面呈现间断性变化的规律特征，在对硬质土的切削过程中，该规律比较明显[143]。因此，在对级配土切削的过程中，假设了一个瞬时切削状态，则失效面如图 5-12 所示。

(3) 失效区域内的土在铲刀挤压作用下产生内部流动，自下而上，内部流动特征与切削倾角存在显著关系。当切削倾角较大时，内部流动困难；切削倾角较小时，内部流动相对容易。因此流动的难易程度也反映了切削阻力大小的变化规律。此外，在内部流动的过程中外部流动也同时存在，在土堆积达到稳定值时，切削过程也趋于稳定。

5.3　L 型铲刀对级配土切削试验及切削机理

5.3.1　L 型铲刀切削级配土试验参数确定

对级配土进行切削试验的 L 型铲刀结构如图 5 – 13 所示。切削倾角均为 90°，水平铲刀选择了 6 种，其长度分为 15mm、30mm、45mm、60mm、75mm 和 90mm；并确定了 4 个切削深度，其深度值分别为 30mm、60mm、90mm 和 120mm；未进行 150mm 切削深度下的试验，是考虑到了为了避免铲刀强度不足而造成破坏。对 6 种铲刀结构和 4 种不同切削深度组合，共完成级配土切削试验 24 组。与砂土切削试验的比较结果类似，把 I 型铲刀在 90°切削倾角下测试的土的切削与推运阻力作为基准值，将 6 种铲刀的切削结果与之进行比较。

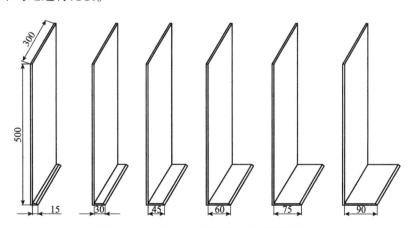

图 5 – 13　级配土切削试验 L 型铲刀结构图

L 型铲刀也可以看作是由 I 型铲刀在切削刃缘位置加装水平铲刀构成的，这样的结构其本质是在不改变 I 型铲刀切削倾角的前提下，使 I 型铲刀的切削刃缘位置前移。因此，在比较试验结果时，将前一节中 I 型铲刀

(可视作水平铲刀长度为零)对土的切削与推运的试验结果作为比较的基础值，本节中所有试验结果均以相同切削倾角下的I型铲刀测试结果为基础值进行参照对比分析。

5.3.2 L型铲刀切削级配土试验结果

土的切削与推运试验的整个切削过程比较平稳，切削过程中，随着铲刀的移动，铲刀前端土逐渐堆积，当切削阻力相对稳定时，土堆也基本成稳定形态，图5-14(a)为切削过程中铲刀前端土的堆积情况；切削级配土时，L型铲刀在直角空间内会存在明显的土滞留区，该区域的土在切削过程中是不流动的，图5-14(b)为退刀后仍滞留在直角空间内的土，根据对试验的观察，有水平铲刀条件下切削过程均是相似的。由于级配土抗剪强度较大，因此，各组试验的切削位移均在2m左右。

为了比较水平铲刀对切削阻力的影响，将4种切削深度下加装水平铲刀后的L型铲刀使切削阻力最小时的变化曲线和I型铲刀的切削阻力变化曲线绘制在同一坐标系下，如图5-15所示，图中粗实线为无水平铲刀条件下切削阻力变化情况，细实线为加装水平铲刀条件下的变化曲线。通过对曲线的对比可以看出，加装水平铲刀后切削阻力得到有效改善，而且切削阻力的波动也明显减小。

(a)切削过程的土堆积　　　　　　　　(b)退刀后L型铲刀的土滞留

图5-14　土的切削与推运试验

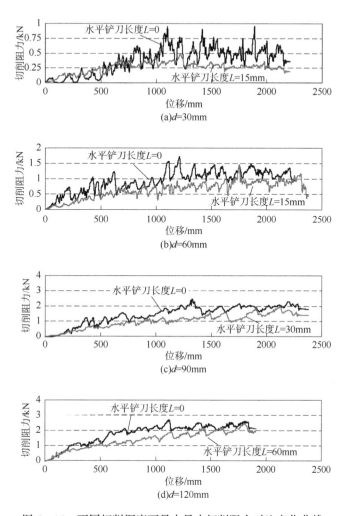

图 5 - 15　不同切削深度下最大最小切削阻力对比变化曲线

5.3.3　L 型铲刀切削级配土试验对比分析

随着切削深度的增加，6 种水平铲刀长度下切削阻力均增加，级配土切削随深度的变化为近似性关系，如图 5 - 16 所示。在不同切削条件下，切削深度为 30mm 且水平铲刀长度为 90mm 时的切削阻力略有增加，这与土在水平铲刀上大量堆积关系密切，该条件下，在 L 型铲刀直角处形成一个较大的不流动区域，在切削过程中，不仅要切削土，而且需要推动不流动区域堆积的土，因此，会导致切削阻力增大；其余有水平铲刀条件下的切削阻力较无水平铲刀条件下均减小，不同切削深度下切削阻力减小百分比如图5-17所示。

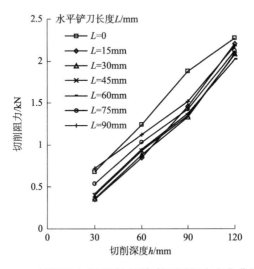

图5-16 切削阻力在不同切削条件下随深度变化曲线图

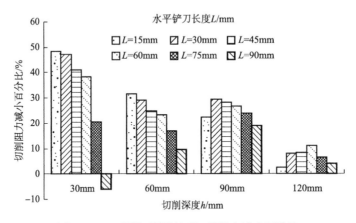

图5-17 不同切削深度下切削阻力减小百分比

四种切削深度下切削阻力随水平铲刀长度均呈现"大-小-大"的变化趋势，如图5-18所示，从曲线的变化规律看，水平垂直铲刀在一定切削深度下加装水平铲刀，可以有效减少切削阻力，且水平铲刀长度对切削阻力的影响存在一个最优值；根据试验结果对不同切削深度下水平铲刀的长度进行优选，切削深度为 120mm 和 90mm 时水平铲刀的优选值分别为 60mm 和 30mm，这两种条件下的优选值与最优值应基本是一致的。

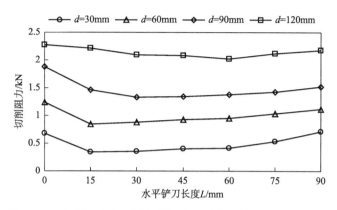

图 5－18　切削阻力在不同切削深度下随水平铲刀长度变化曲线

　　为了更准确地判断切削深度为 60mm 和 30mm 条件下水平铲刀的最优长度，加做了这两种切削深度下水平铲刀长度为 10mm 的切削试验，试验所得切削阻力均大于水平铲刀为 15mm 条件下的切削阻力，这表明切削深度为 60mm 和 30mm 条件下水平铲刀的最优值均接近 15mm。从试验结果看，水平铲刀最优值随切削深度的变化遵循切削深度减小，水平铲刀最优长度也减小的规律，但切削深度减小到 30mm 时，水平铲刀最优长度的减小趋势并不明显，且加装 10mm、15mm 和 30mm 的水平铲刀时切削阻力相差不大，这与切削阻力由土剪切破坏和土推运两部分力组成有关。当切削深度较小时，推运土产生的阻力是切削阻力的主要影响因素，而地面以下铲刀切削土对切削阻力的影响将减小，从而出现了切削深度较小时切削阻力在一个水平铲刀长度范围内相差不大的现象。因此，切削深度越小，水平铲刀对土的剪切影响也越小，假设铲刀不切削土而单纯做推土作业，也就是切削深度 d 为零时，在摩擦较小的条件下，水平铲刀理论上在一定范围内对切削阻力将不产生影响，故上述现象符合变化规律。

　　根据试验结果，忽略切削深度为 30mm 条件下所对应优选值的点，将切削深度为 120m、90mm、60mm 时水平铲刀的优选值 60mm、30mm、15mm 近似为最优值，可获得 3 个坐标点，再加上零点，通过 4 点拟合出水平铲刀长度随切削深度的变化曲线，拟合结果如图 5 – 19 所示。图中纵轴粗直线与横轴粗直线构成了试验给定切削深度下 L 型铲刀的最佳结构。

根据铲刀结构改进对土进行切削阻力的试验可以看出，当切削深度一定时，水平铲刀存在一个最优值使切削阻力最小，这一现象的原因在于水平铲刀对土的垂直剪切作用。无水平铲刀时，平面铲刀对土的剪切为土整体受压状态下的强剪过程；加装水平铲刀后，水平铲刀对土会产生垂直剪切作业，使土在切削过程中提前分为上、下两层，从而使铲刀对上层土剪切作用力减小，因此，切削阻力也随之减小。但水平铲刀长度较小时，上下分层范围太小，长度较大时，又会出现摩擦阻力较大和分层土较多而导致推土阻力较大的现象，因此，在确定深度下水平铲刀长度存在一个最优值，使切削过程的切削阻力最小。

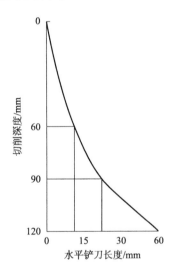

图 5 – 19　水平铲刀长度最优值与切削深度变化关系曲线

5.3.4　L 型铲刀土的切削与推运机理分析

L 型铲刀对土的切削过程是一个动态过程，其瞬时稳定状态如图 5 – 20 所示，各参数的假设与图 5 – 12 所示 I 型铲刀切削过程一致，这里多了一个参数，就是切削倾角 α。切削过程也可分解为两部分作业过程：一是地面以下对土的剪切作业；二是地面以上部分对土的推运作业。三角区域的波动曲线是土堆实际曲线，直线为土堆近似曲线。其切削过程的土堆积形态与 I 型铲刀是类似的，其主要差别在于在土平面以下部分铲刀对土的切削过程。

L 型铲刀地面以下部分对土的切削过程与 I 型铲刀相比有 4 个特征。

（1）水平铲刀对土的提前分层，在前面的论述中已经提到了，这里再详细地解释一下，铲刀插入地面以下的深度为 d，则在该深度的土平面上，L 型铲刀与 I 型铲刀存在显著差异，I 型铲刀是通过铲刀对土的整体挤压实现刃缘对土的剪切，而 L 型铲刀的水平铲刀将对土进行直接剪切作业，该剪切过程的难度与 I 型铲刀相比显著降低，此外，提前分层使铲刀对上层土的作业过程在一定程度上变成了土推运作业。因此，水平铲刀对土的提前上、下分层使 L 型铲刀对土的切削过程较 I 型铲刀难度降低。

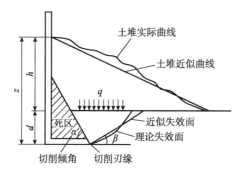

图 5 - 20　L 型铲刀对土的切削与推运过程的瞬时稳定状态

（2）预制了一个"死区"，图中阴影部分是一个理论假设的死区，I 型铲刀在一定的切削倾角下其切削过程中同样会存在一个死区，但该死区会随着切削过程动态变化。L 型铲刀直角区域内聚留的土所形成的"死区"是由铲刀结构特征导致的，该区域的土在切削过程中无法产生内部流动，形成了一个相对稳定楔形区域，由于 L 型铲刀的固定结构，该区域不流动的土也是稳定的，因此所形成的"死区"也是稳定。

（3）L 型铲刀"死区"的存在使实际的切削倾角减小，滞留在 L 型铲刀直角区域的土基本是稳定的，那么该死区滞留的楔形土就是图中阴影区域，此时 L 型铲刀实际切削土触土区域与变形 I 型铲刀结构类似，因此切削倾角减小了，这也是导致 L 型铲刀可以改善切削阻力的一个原因。

（4）切削刃缘位置前移导致失效平面前移，由于L型铲刀水平铲刀的存在，与I型铲刀相比切削刃缘位置前移这一现象是较为直观的，切削刃缘位置前移后，当水平铲刀完成对土的直接剪切作业后，内部仍然存在土挤压，而此时由于死区的存在，楔形面将成为挤压平面，因此，失效平面随切削刃缘位置的前移而前移。

这里对上述4个特征进行了单独的解释，但实际切削过程中，四个特征是相互联系的。土提前分层是L型铲刀的特殊结构导致的，这使得土推运过程困难程度降低，刃缘前移也源于L型铲刀的结构形式，死区虽然在I型铲刀切削过程中也存在，但L型铲刀使死区的楔形区域基本趋于稳定状态，而死区形成的同时使切削过程的实际切削倾角减小，这些特征变化均与L型铲刀的结构息息相关。但最后仍需要强调，水平铲刀长度增加会导致切削过程中铲刀插入土的力增加，该插入阻力也会影响切削阻力的大小，当水平铲刀长度较大时，插入阻力也会随之增大，因此，并非水平铲刀越长越好，而是水平铲刀在一定长度范围内对切削有益。

5.4　级配土在不同铲刀下的切削阻力对比

5.4.1　不同切削倾角下L型铲刀切削级配土试验参数确定

由于级配土试验是在含水条件下完成的，因此，对级配土进行人工压实后土抗剪强度增加，考虑到试验装置和铲刀强度问题，在进行变切削倾角下的切削试验时，对铲刀结构进行了简单改进，将I型铲刀提前折弯，使铲刀稳定地安装在车架上，形成如图5-21所示结构。根据试验设计，切削倾角选择了如图5-21所示的75°、60°、45°和30°四种，不同切削倾角下，又确定了30mm和60mm两种水平铲刀长度，根据切削倾角和水平铲刀长度确定的所有铲刀结构均在30mm、60mm和90mm三种切削深度下进行试验。

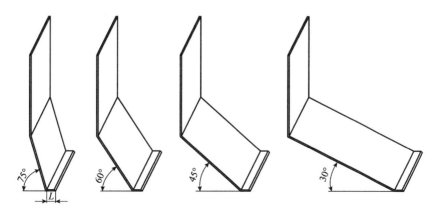

图 5 - 21　变切削倾角下切削级配土用 L 型铲刀结构图

5.4.2　不同切削倾角下 L 型铲刀切削级配土试验结果

4 种 L 型铲刀结构、2 种水平铲刀长度和 3 种切削深度条件下,共完成级配土切削试验为 $4 \times 2 \times 3 = 24$ 组,加上前面 I 型铲刀(L 型铲刀水平铲刀长度为 0)在相同切削深度和切削倾角下的 12 组数据,共有 36 组试验。分别将相同切削深度和相同切削倾角条件下 3 种水平铲刀长度结构对级配土切削的切削阻力变化曲线绘制在同一坐标系中,比较不同水平铲刀长度时切削阻力的变化规律,如图 5 - 22 ~ 图 5 - 25 所示,图中纵坐标切削阻力最大刻度均为 2.5kN,横坐标切削位移最大刻度均为 2.5m,用虚线、细实线和粗实线分别表示水平铲刀长度为 0、30mm 和 60mm 时的切削阻力变化曲线。

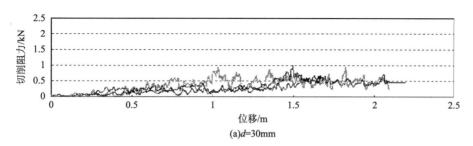

(a)d=30mm

图 5 - 22　90°切削倾角时不同水平铲刀长度切削条件下铲刀切削级配土的
切削阻力对比变化曲线

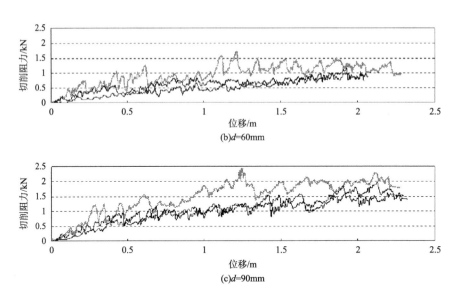

(b)d=60mm

(c)d=90mm

图 5－22　90°切削倾角时不同水平铲刀长度切削条件下铲刀切削级配土的
切削阻力对比变化曲线(续)

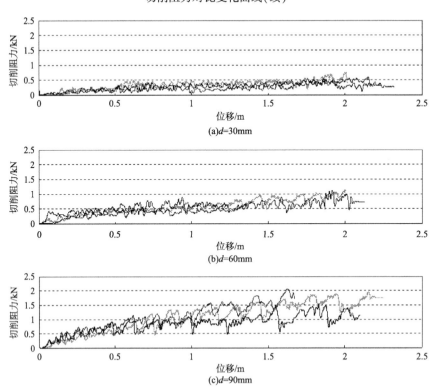

(a)d=30mm

(b)d=60mm

(c)d=90mm

图 5－23　75°切削倾角时不同水平铲刀长度切削条件下铲刀切削级配土的
切削阻力对比变化曲线

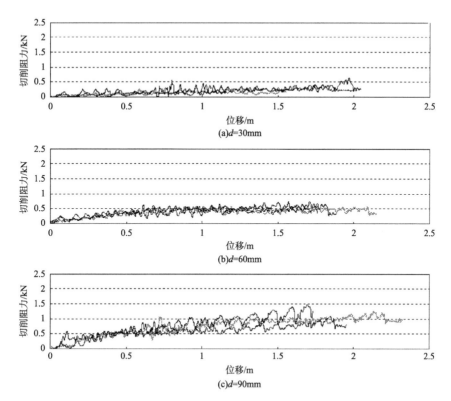

图5-24 60°切削倾角时不同水平铲刀长度切削条件下铲刀切削级配土的
切削阻力对比变化曲线

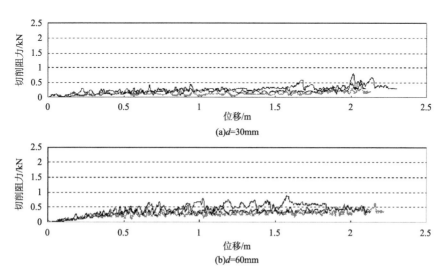

图5-25 45°切削倾角时不同水平铲刀长度切削条件下铲刀切削级配土的
切削阻力对比变化曲线

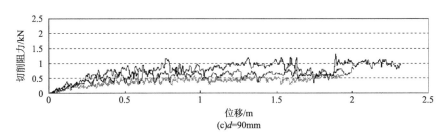

图 5 - 25　45°切削倾角时不同水平铲刀长度切削条件下铲刀切削级配土的
切削阻力对比变化曲线(续)

根据对比变化曲线图对比结果，对切削阻力变化规律进行了分类。虽然水平铲刀只选择了 3 种长度，但仍有 3 种变化趋势：一是切削阻力随水平铲刀长度增加而减小，图 5 - 22(c)、图 5 - 23(b)和图 5 - 23(c)就是这样的变化规律；二是切削阻力随水平铲刀长度增加先减小后增加，如图 5 - 22(a)、图 5 - 22(b)、图 5 - 23(a)和图 5 - 24(c)所示；三是切削阻力随水平铲刀长度增加而增加，如图 5 - 24(a)、图 5 - 24(b)、图 5 - 25(a)、图 5 - 25(b)、图 5 - 25(c)所示。为了使平均切削阻力比较更直观，分别计算了 36 组切削试验的平均切削阻力，平均切削阻力值如表 5 - 5 所示。

表 5 - 5　切削阻力平均值　　　　　　　　　　　　　　　　　　kN

切削倾角/(°)	切削深度 $d=30\text{mm}$			切削深度 $d=60\text{mm}$			切削深度 $d=90\text{mm}$		
	水平铲刀长度/mm			水平铲刀长度/mm			水平铲刀长度/mm		
	0	30	60	0	30	60	0	30	60
90	0.465	0.318	0.365	1.188	0.702	0.757	1.883	1.271	1.182
75	0.404	0.261	0.304	0.828	0.673	0.437	1.766	1.334	0.942
60	0.151	0.213	0.254	0.453	0.469	0.540	0.942	0.703	0.928
45	0.149	0.248	0.308	0.330	0.388	0.584	0.478	0.650	0.900

5.4.3　不同切削倾角下 L 型铲刀切削级配土试验对比分析

对表 5 - 5 中 L 型铲刀的切削阻力与 I 型铲刀(L 型铲刀水平铲刀长度为 0)进行比较，并计算出 L 型铲刀交 I 型铲刀减小的百分比，如表 5 - 6

所示。当切削倾角为 90°和 75°时，L 型铲刀的切削阻力在三种切削深度均不同程度减小。其中切削倾角为 90°条件下，切削深度为 60mm 且水平铲刀为 30mm 时，切削阻力减小了 40.9%；切削倾角为 75°条件下，切削深度为 60mm 且水平铲刀为 60mm 时，切削阻力减小了 47.2%，切削深度为 90mm 且水平铲刀为 60mm 时，切削阻力减小了 46.7%。这三种切削条件下，切削阻力减小都达 40%以上，切削阻力改善效果非常显著。因此，对采用 L 型铲刀结构实现改善切削阻力的目的在一定范围内是有效的。

表 5-6　L 型铲刀较 I 型铲刀平均切削阻力减小百分比　　　　　　%

切削倾角/(°)	切削深度 $d=30$mm		切削深度 $d=60$mm		切削深度 $d=90$mm	
	水平铲刀长度/mm		水平铲刀长度/mm		水平铲刀长度/mm	
	30	60	30	60	30	60
90	31.6	21.5	40.9	36.3	32.5	37.2
75	35.4	24.8	18.7	47.2	24.5	46.7
60	−41.1	−68.2	−3.5	−19.2	25.4	1.5
45	−66.4	−106.7	−17.6	−77.0	−36.0	−88.3

为了更直观的认识水平铲刀对切削阻力的影响，将表 5-5 所有铲刀结构在不同切削深度下的平均切削阻力表述成仅由 0 和 1 组成的矩阵形式，按不同切削深度，将产生 3 个矩阵表。首先，假设将水平铲刀为 0 时所有铲刀结构的切削阻力定义矩阵值为 1，在加装水平铲刀后，按照水平铲刀长度由短到长的变化规律，依次分别比较切削阻力的变化情况，如果给定水平铲刀长度下的切削阻力小于前一水平铲刀长度下的值时，定义矩阵值为 1，如果给定水平铲刀长度下的切削阻力大于前一水平铲刀长度下的值时，则定义矩阵值为 0，由此可得表 5-7 所示的切削阻力对比矩阵表。

表 5-7　平均切削阻力对比矩阵表

切削倾角/(°)	切削深度 $d=30$mm			切削深度 $d=60$mm			切削深度 $d=90$mm		
	水平铲刀长度/mm			水平铲刀长度/mm			水平铲刀长度/mm		
	0	30	60	0	30	60	0	30	60
90	1	1	1	1	1	1	1	1	1
75	1	1	1	1	1	1	1	1	1

续表

切削倾角/(°)	切削深度 $d=30$mm			切削深度 $d=60$mm			切削深度 $d=90$mm		
	水平铲刀长度/mm			水平铲刀长度/mm			水平铲刀长度/mm		
	0	30	60	0	30	60	0	30	60
60	1	0	0	1	0	0	1	1	1
45	1	0	0	1	0	0	1	0	0

通过对矩阵表进行对比，以切削深度为变化条件可以看出：切削深度较小时，水平铲刀的影响范围小，切削深度较大时，水平铲刀的影响范围大，当切削深度为90mm时，水平铲刀对切削阻力在较大范围内有影响；在60°以上切削倾角条件下，加装水平铲刀均会使切削阻力减小；当切削深度为30mm和60mm时，在90°和75°切削倾角条件下加装长度为30mm和60mm的水平铲刀可以减小切削阻力。以切削倾角为变化条件可以看出：切削倾角变大时，水平铲刀对切削阻力的影响范围较大，切削倾角逐渐变小时，水平铲刀对切削阻力的影响范围也越来越小，如切削倾角大于75°时，加装小于60mm的水平铲刀均可使切削阻力减小；随着切削倾角的减小，情况就会发生变化，当切削倾角为60°时，在切削深度不大于60mm的情况下，加装水平铲刀将产生不利影响，当切削倾角减小到45°时，所有切削深度下加装水平铲刀均不利于切削阻力的减小。因此，水平铲刀在一定切削倾角和切削深度范围内有益于切削。

这一现象也是符合规律的，假设切削倾角为0，则铲刀对土进行纯剪切作业，此时再加装水平铲刀，意味着铲刀的长度将继续增加，显然只会增加剪切作业的困难程度。分别通过以切削深度和切削倾角为变化条件可以看出，水平铲刀对铲刀切削阻力的影响是在一定条件下可以起到有益作用，分别是切削深度较大和切削倾角较大的切削条件下，反之，将对切削阻力产生不利影响。

铲刀对砂土的切削与推运 6

本章以砂土为切削对象，利用砂土良好的流动性，开展了以 I 型铲刀和 L 型铲刀为切削工具的土的切削与推运试验研究，I 型铲刀对砂土的切削过程遵循普遍的切削规律，L 型铲刀的水平铲刀对砂土切削过程的影响在不同切削深度下有相似的特征，不同切削倾角下，L 型铲刀水平铲刀对砂土切削过程的影响与级配土类似，同样是在一定范围内有益于切削；同时，开展了 C 型铲刀在不同切削刃缘位置前移距离条件下的土的切削与推运试验，与 I 型铲刀比较，提出了切削刃缘位置相同的比较条件，并对 I 型铲刀和 C 型铲刀在相近切削刃缘位置条件下的切削阻力进行了比较。

6.1　砂土的切削与推运试验条件及切削参数

6.1.1　砂土物理特性

土的切削与推运试验在长安大学土槽实验室开展，其中砂土含水量较低，基本为干性土，密度约为 $1.52 \mathrm{g/cm^3}$，属于无黏性砂土。对砂土进行的筛分试验，其小于给定粒径的土质量分数如表 6 - 1 所示，砂土的粒径曲线图如图 6 - 1 所示。

表6－1　砂土的粒径分布

粒径/mm	5	2	1	0.5	0.25	0.074
砂土小于该粒径的土质量分数/%	100.0	94.8	70.7	30.0	6.1	0.3

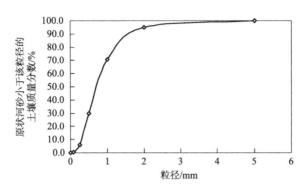

图6－1　砂土粒径级配曲线图

6.1.2　砂土切削试验参数

与级配土切削试验相似，这里仍需要确定切削深度、切削宽度、切削倾角、切削速度和水平铲刀长度五类参数。由于土结构松散，与级配土相比，相同切削深度下，切削阻力必然是下降的。因此，与级配土切削深度相比，略去了30mm切削深度，增加了150mm切削深度，切削深度递进差值仍为30mm，选择了60mm、90mm、120mm和150mm四种不同切削深度。

切削宽度与级配土一致，仍为300mm。

为了进一步细化切削倾角对切削阻力的影响，有学者将平面铲刀切削倾角变化以每10°甚至5°为差值进行研究。因此，在对砂土进行切削试验时，切削倾角以10°为差值进行变化，设计了90°、80°、70°、60°和50°五种不同的切削倾角。

切削速度由牵引装置确定，约为0.12m/s。

水平铲刀长度选择与级配土一致，仍以15mm、30mm、45mm、60mm、75mm和90mm六种长度进行试验对比研究。

6.1.3　砂土切削试验过程

由于级配土切削试验装置在设计时未充分考虑装置的结构强度，因此，在试验过程中存在铲刀折弯等破坏现象。为了避免类似情况的发生，在增加结构强度的基础上，对试验装置重新进行了设计加工，采用了 H 型钢作为结构的框架，使试验装置整体的强度和刚度显著增加，铲刀车架和车轴也进行了结构强化，图 6 – 2 为砂土切削试验装置。

砂土的切削过程与级配土相对简单，由于砂土是松散结构，含水量较低，约为 1%，在切削试验完成后可以直接进行回填，基本不影响土的物理特性。因此，在试验过程中，将试验装置完全固定，每次切削试验完成后，对土进行回填并平整后开展下一次切削试验。

图 6 – 2　砂土切削试验装置

6.1.4　砂土切削试验空载切削阻力

切削砂土所用试验装置的车架滚动效果显著改善，较级配土切削的空载切削阻力明显减小，图 6 – 3 给出了两种随机情况下的空载切削阻力变化曲线。空载 1 的平均切削阻力约为 0.041kN，该条件下，位移达到 2.5m 后，出现了一点卡阻现象，但切削阻力的变化范围不大，空载 2 平均切削阻力还不到 0.013kN，因此，试验过程中车架系统的摩擦和牵引力基本可以忽略不计。

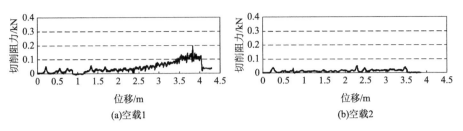

(a)空载1　　　　　　　　　　　　　(b)空载2

图 6-3　砂土切削过程空载试验结果

6.2　I 型铲刀对砂土的切削试验

6.2.1　砂土切削 I 型铲刀

砂土在不同切削倾角下所采用的 I 型铲刀，其结构如图 6-4 所示。对砂土进行土的切削与推运试验时，选择了 5 种切削倾角和 4 种切削深度，切削倾角分别为 90°、80°、70°、60° 和 50°，切削深度分别为 60mm、90mm、120mm 和 150mm，该切削条件下进行了 20 组切削试验。

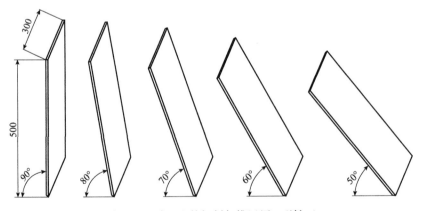

图 6-4　砂土土的切削与推运用 I 型铲刀

6.2.2　I 型铲刀切削砂土试验结果

I 型铲刀在不同切削条件下对砂土的切削阻力变化曲线如图 6-5 ~ 图

6-9所示。从变化曲线可以看出，每次切削位移均在4m以上，整个切削过程存在切削阻力逐渐增加和基本稳定两个阶段。部分切削条件下切削阻力在切削初始存在一定波动，如图6-5(a)和图6-5(b)所示；但进入稳定切削阶段，各组数据均比较稳定；切削完成时，由于铲刀侧车架突然停车的影响，部分数据可能存在突变，作图时略去了这部分数据。因此，在考虑平均切削阻力时，需要忽略非稳定状态的数据值。

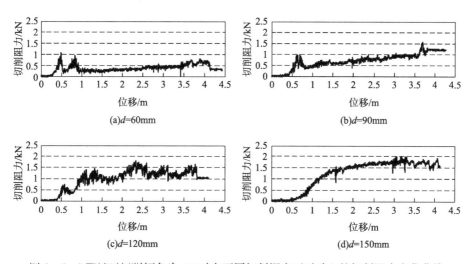

图6-5 Ⅰ型铲刀切削倾角为90°时在不同切削深度下对砂土的切削阻力变化曲线

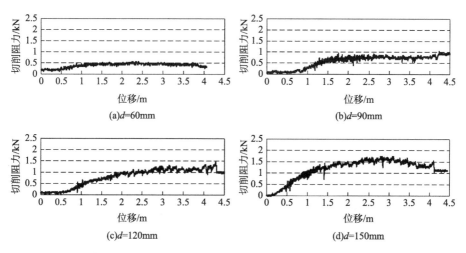

图6-6 Ⅰ型铲刀切削倾角为80°时在不同切削深度下对砂土的切削阻力变化曲线

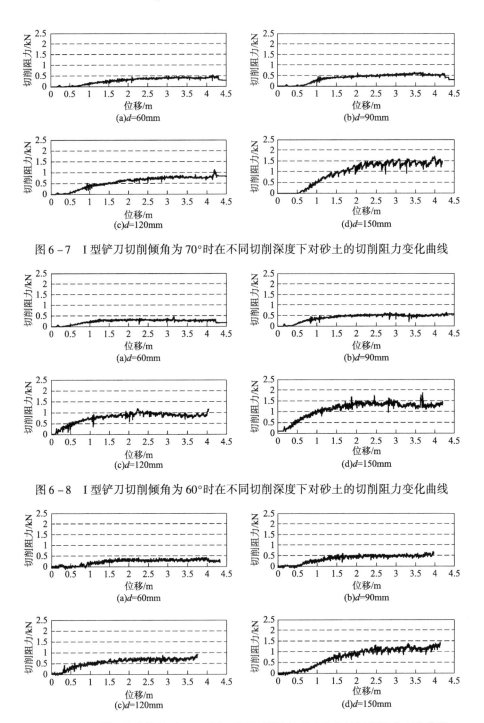

图 6-7　Ⅰ型铲刀切削倾角为 70°时在不同切削深度下对砂土的切削阻力变化曲线

图 6-8　Ⅰ型铲刀切削倾角为 60°时在不同切削深度下对砂土的切削阻力变化曲线

图 6-9　Ⅰ型铲刀切削倾角为 50°时在不同切削深度下对砂土的切削阻力变化曲线

6.2.3 Ⅰ型铲刀切削砂土试验对比分析

切削过程经历了两个阶段，当进入切削稳定阶段后，切削阻力仍会存在一些波动，为了获得有效的平均阻力值，取位移从 2m 至 3.5m 的数据进行均值计算。将计算出的平均值作为切削阻力进行对比，当切削倾角不变时，切削阻力随切削深度的变化如图 6-10(a)所示。由图可以看出，切削倾角为 90°时，切削阻力随切削深度的变化为线性关系；切削倾角为 80°、60°和 50°时，切削阻力随切削深度的变化近似呈线性关系；切削倾角为 70°时，切削阻力随切削深度的变化的线性关系较差。

当切削深度不变时，切削阻力随切削倾角的变化关系如图 6-10(b)所示。除切削深度为 120mm 时，切削倾角为 60°条件下切削阻力较 70°时增加，其余不同切削深度下，切削阻力均随切削倾角的减小而减小。现将四种切削深度下切削倾角为 90°时和切削倾角为 50°时的切削阻力进行对比：当切削深度为 150mm 时，50°切削倾角下的切削阻力是 90°切削倾角下的 64.4%；当切削深度为 120mm 时，50°切削倾角下的切削阻力是 90°切削倾角下的 51.9%；当切削深度为 90mm 时，50°切削倾角下的切削阻力是 90°切削倾角下的 57.4%；当切削深度为 60mm 时，50°切削倾角下的切削阻力是 90°切削倾角下的 75.5%。由此可以看出：切削深度较大时，切削倾角对切削阻力的影响比较显著；当切削深度较小时，切削倾角对切削阻力的影响相对较小。

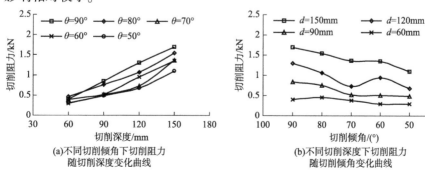

(a)不同切削倾角下切削阻力
随切削深度变化曲线

(b)不同切削深度下切削阻力
随切削倾角变化曲线

图 6-10 切削阻力变化曲线

6.2.4 Ⅰ型铲刀切削阻力理论计算及经验修正结果对比

对水平铲刀在不同切削条件下的切削阻力采用第2章建立的理论公式进行计算，这里需要对几个参数进行确定，其中土失效剪切角 β 为25°，土内摩擦角 φ 为30°，土与铲刀的摩擦角 δ 为15°，不同切削深度下侧翼影响区域角 η 均取45°，内聚力 c 为1700Pa。将计算结果绘制于图6-11中。

切削倾角为90°时理论值均大于实测值，该切削倾角下：当切削深度为120mm时，理论计算值仅比实测值增大了5.0%；当切削深度为60mm时，理论计算值比实测值增大了53.4%；切削深度为150mm和90mm时，理论计算值比实测值增大10.0%左右。切削倾角为80°、70°、60°和50°时，从计算结果看，理论计算值与实测值的对比结果具有相似性，但土的切削与推运过程具有离散特征，切削阻力在相同切削条件下的变化具有一定随机性。当切削深度较小时，切削阻力的理论值与实测值相差不大，当切削深度较大时，以切削深度为150mm为例，四种切削倾角下理论计算值均小于实测值。

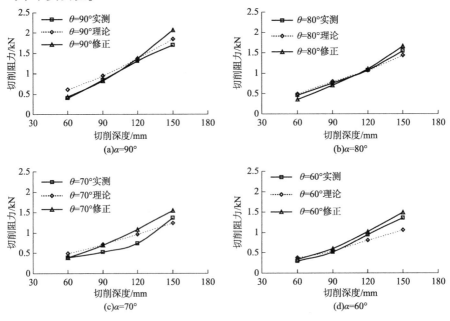

图6-11 不同切削倾角下切削阻力实测值与理论值及经验修正结果对比变化曲线

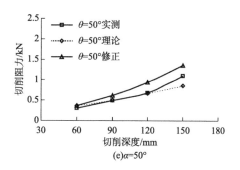

图6-11 不同切削倾角下切削阻力实测值与理论值及经验修正结果对比变化曲线(续)

为了使理论计算值更接近实际情况，这里对理论计算值进行修正，修正系数为$2.89(1+\cos^2\alpha)\sqrt{d}$，修正结果如图6-11中粗实线所示。从图中可以看出，5种切削倾角下，获得的大部分修正结果更接近实测值或相对比实测值保守。特别在切削深度为150mm时，修正结果优于理论计算值，其中在该切削深度下切削倾角为80°、70°、60°和50°的理论计算值比实测值分别小7.2%、9.4%、21.7%和21.8%，经过修正后，相同条件下的修正切削阻力比实测切削阻力分别大7.0%、13.2%、9.5%和23.7%。以百分比进行误差评估，两组的修正结果优于理论计算结果。更为重要的是，修正计算结果均获得了相对保守的预测值，这样的保守修正结果可以为结构设计和工程实际预测提供参考。

当切削深度较小时，修正结果与理论计算值和实测值相差不大，但需要指出的是，在切削深度较小的情况下，切削阻力相对较小，在大切削深度时获得保守的切削阻力预测条件下，对切削深度较小时的切削阻力工程应用影响不大。因此，通过对理论计算值进行修正后，采用修正后的计算结果对切削阻力评价更为可靠。

6.2.5 Ⅰ型铲刀切削阻力理论计算及数值修正结果对比

为了获得更准确的理论计算修正结果，以切削倾角α和切削深度d为变量，对修正系数与切削倾角α和切削深度d的关系进行拟合。该拟合采用matlab软件进行，在其曲面拟合工具箱sftool中，选择多项式拟合方式，

并将切削倾角 α 设置为 2 次系数，切削深度 d 均设置为 1 次系数。

拟合后，得到了修正系数的表达式，修正系数是以切削倾角 α 和切削深度 d 为自变量的多项式函数，见式（6-1），式中各项的系数值如表 6-2 所示。拟合修正结果与实测值和理论值变化曲线如图 6-12 所示。

$$k = m_0 + m_1\alpha + m_2 d + m_3\alpha^2 + m_4\alpha d \qquad (6-1)$$

表 6-2　修正系数多项式各项的系数值

多项式系数	m_0	m_1	m_2	m_3	m_4
系数值	3.431e-1	2.211e-3	9.029e-3	1.523e-5	-7.780e-5

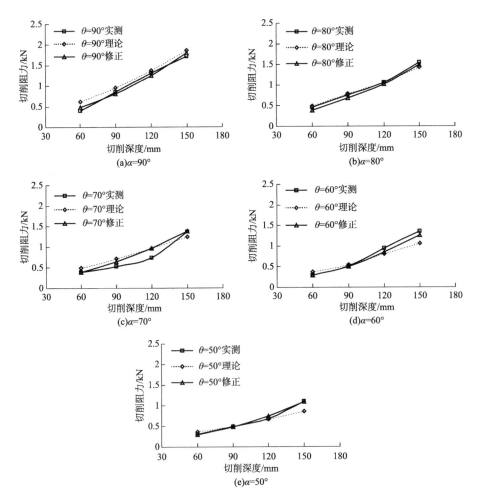

图 6-12　不同切削倾角下切削阻力实测值与理论值及拟合修正结果对比变化曲线

由图 6 - 12 可知，采用该修正模型，其计算结果与实际实验结果相当吻合，对于其他作业介质，可根据实验拟合相应的修正系数。

对比经验修正和数值修正两种方法，经验修正计算相对简单，但误差偏大；数值修正计算较为复杂，但修正结果更接近是实测值。在工程设计中，可以根据实际需要进行理论修正计算。

因此，为了进一步将理论值相对于实测值的误差与后续修正结果相对于实测值的误差进行比较，这里对理论值相对于实测值的误差进行统计分析，选择平均绝对误差(MAE)、平均相对误差(MRE)和均方根误差($RMSE$)对结果进行评估，计算公式分别为式(6 - 2)、式(6 - 3)和式(6 - 4)。

$$MAE = \frac{1}{n} \sum_{i=1}^{n} \left| H - H_{\mathrm{m}} \right| \qquad (6-2)$$

$$MRE = \frac{1}{n} \sum_{i=1}^{n} \left| \frac{(H - H_{\mathrm{m}}) \cdot 100}{H_{\mathrm{m}}} \right| \qquad (6-3)$$

$$RMSE = \sqrt{\frac{\sum_{i=1}^{n} (H - H_{\mathrm{m}})^2}{n}} \qquad (6-4)$$

上述 3 个公式中，H 为式(3 - 22)计算所得水平阻力理论值；H_{m} 为试验所得实测值；n 为试验组数。经计算，理论值相对于实测值的平均绝对误差(MAE)为 124.8，平均相对误差(MRE)为 21.3%，均方根误差($RMSE$)为 154.4。

6.2.6　数值修正计算对比

为了获得更准确的计算结果，对理论值进行数值修正，设数值修正值为 H_{n}，修正系数为 k_1，则数值修正公式如下：

$$H_{\mathrm{n}} = k_1 H \qquad (6-5)$$

由于土推运试验过程中存在两个变量，分别是作业倾角 α 和作业深度 d，因此，再设修正系数 k_1 为作业倾角 α 和作业深度 d 的多项式函数：

$$k_1 = f(\alpha, d) \qquad (6-6)$$

这里需要对多项式函数两个变量的最高次幂进行确定。文献[24]表明工作阻力随作业倾角呈现平方变化的关系，因此，将作业倾角 α 设置为 2 次系数。Luth[25]在对砂土的推运研究中，对不同宽度铲刀随作业深度的变化规律进行了研究，将铲刀宽度分为小于 10in(约 254mm)的窄板和宽度为 20in(约 508mm)的宽板。研究表明：当铲刀宽度为 4.97in(约 126mm)时，工作阻力随作业深度呈现平方变化关系；当铲刀宽度为 20in(约 508mm)时，铲刀推土阻力随深度的变化近似呈线性关系。试验采用的铲刀宽度为 300mm，介于平方变化关系与线性关系之间，为了简化多项式函数，近似工作阻力随深度的变化为线性关系，故而将作业深度 d 设置为 1 次系数，则拟合系数 k_1 的多项表达式如下：

$$k_1 = m_0 + m_1\alpha + m_2 d + m_3\alpha^2 + m_4\alpha d \tag{6-7}$$

式中，m_0、m_1、m_2、m_3 和 m_4 均为待定系数。

在这里，以 20 组实测值与理论值之比为拟合数据，采用 matlab 软件中的 sftool 曲面拟合工具箱，对系数 k_1 进行多项式拟合，拟合后，得到 k_1 的表达式各待定系数的计算结果如表 6-3 所示。

表 6-3　待定系数计算结果

多项式系数	m_0	m_1	m_2	m_3	m_4
系数值	0.3431	2.211e-3	9.029e-3	1.523e-5	-7.780e-5

待定系数确定后，系数 k_1 的多项表达式也随之确定，因此，每种作业倾角和作业深度组合试验条件下的系数 k_1 可以通过多项式进行求解，从而根据式(6-6)计算出工作阻力的数值修正结果。图 6-13 给出了不同作业条件下工作阻力的数值修正结果与实测值和理论值的对比，图中，渐变平面为数值修正结果拟合平面，深色和浅色圆点分别表示实测值和理论值在三维坐标中的位置。

从图 6-13 可以看出，与理论值相比，采用数值修正后计算得到的工作阻力，其结果更为接近实测值。根据式(6-2)、式(6-3)和式(6-4)计算数值修正结果与实测值的误差，得到数值修正结果相对于实测值的平均绝对误差(MAE)为 64.7，平均相对误差(MRE)为 10.6%，均方根误差

（*RMSE*）为 88.4。

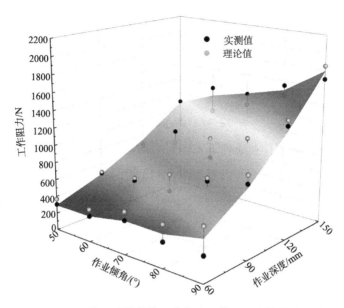

图 6 - 13　工作阻力数值修正值与实测值和理论值的对比图

　　将数值修正结果和理论值相对于实测值的误差进行比较后可以发现：数值修正计算结果的离散程度相对较小，平均相对误差减小了一半，且数值修正计算结果与实测值之间的偏差也优于理论值。因此，采用数值法修正的公式进行计算可以得到更为接近实测值的预测结果。这里需要指出的是，数值修正计算结果要以实测值为依据，当作业介质改变时，拟合目标值会发生变化，但拟合多项式的表达式是确定的[即式(6 - 7)]，只需要确定多项式的系数即可进行数值修正计算。此外，有部分工况下计算得到的数值修正结果仍小于实测值，在设计和工程应用时，需要根据不同使用要求确定相应的安全系数，从而保证设计的可靠性。

6.2.7　经验修正计算对比

　　由试验结果可知，当作业深度较大，且作业倾角为 50°、60°、70° 和 80°时，理论值均小于实测值。而且数值修正计算结果需要确定相应的安全系数，才能保证设计的可靠性。为了进一步改善理论模型的计算结果，并方便设计和工程实际应用，采用经验法对理论值进行进一步修正，其目的是为了得到更为保守的修正计算结果。设经验修正值为 H_e，经验修正系数 k_2，并且再设 k_2 为作业倾角 α 和作业深度 d 的函数，经计算，经验修正系数 $k_2 = 3(1 + \cos^2\alpha)\sqrt{d}$。采用该系数对水平阻力的理论值进行了经验修正，则经验修正计算公式为：

$$H_e = 3(1 + \cos^2\alpha)\sqrt{d}H \qquad (6-8)$$

图 6-14 为不同作业条件下工作阻力的数值修正结果与实测值和理论值的对比，图中表达方式和内容与图 6-13 相同。

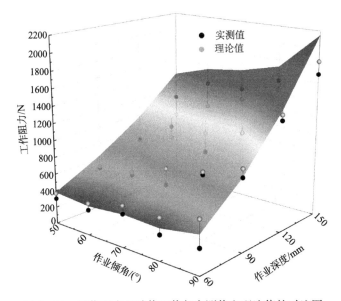

图 6-14　工作阻力经验修正值与实测值和理论值的对比图

对理论值进行经验修正后，仅有两组经验修正计算结果小于实测值，这两组数据作业条件分别是作业倾角 70° 和作业深度 60mm 时以及作业倾角 80° 和作业深度 90mm 时，其相对误差分别为 -0.4% 和 -0.31%，可以看出，这两个经验修正计算结果与实测值相差不大。其余 18 组经验修正计算结果大于实测值，以作业深度为 150mm 为例，当作业倾角为 90°、80°、70°、60° 和 50° 时，理论值与实测值的相对误差为 8.8%、-7.2%、-9.4%、-21.7% 和 -21.8%，而采用经验修正方法计算后，经验修正结果相对于实测值的相对误差分别为 26.4%、11.1%、17.5%、13.7% 和 28.5%，因此，相对于理论计算结果，经验修正计算的工作阻力更为保守。

根据式（6-2）~ 式（6-4）计算数值修正结果与实测值的误差，得到经验修正结果相对于实测值的平均绝对误差（MAE）为 159.3，平均相对误差（MRE）为 21.6%，均方根误差（RMSE）为 200.5。与理论值相对于实测值的误差相比较，虽然平均绝对误差和均方根误差有所增大，但平均相对误差基本一致。从对比分析结果来看，平均绝对误差和均方根误差增大表明离散度和偏差有所增加，但 18 组数据的相对误差均为正值，这表明经验修正计算结果更为可靠，以经验修正计算结果为依据进行结构设计，可以使设计更安全，因此，经验修正计算结果具有实际指导意义。

6.3　L 型铲刀对砂土切削试验

6.3.1　L 型铲刀切削砂土试验参数确定

L 型铲刀是 I 型铲刀最简单的变形结构，因此，L 型铲刀的高宽尺寸与 I 型铲刀是一致的，分别为 500mm 和 300mm，L 型铲刀的切削倾角均为 90°，为了研究 90° 切削倾角下 L 型铲刀不同水平铲刀长度对切削阻力的影响，水平铲刀设计了五种不同长度，其值分别为 30mm、45mm、60mm、75mm 和 90mm，L 型铲刀具体结构如图 6-15 所示。对砂土在 90° 切削倾角下的切削试验在 30mm、60mm、90mm、120mm 和 150mm 五种切削深度下进行。

6.3.2　L 型铲刀切削砂土试验结果

5 种水平铲刀长度在 5 种切削深度下，共完成切削试验 25 组，加上 I 型铲刀（水平铲刀长度为零）的切削试验，每种切削深度下有 6 组切削数据，试验结果均获得了有效的测试数据，图 6-16 ~ 图 6-20 给出了 5 种

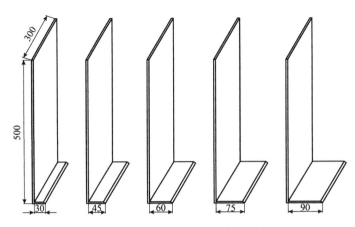

图 6－15　砂土切削试验 L 型铲刀结构图

切削深度下的试验结果，横坐标为位移，纵坐标为切削阻力。25 组切削试验中有 5 组的切削位移在 3.5m 左右，这部分数据的位移采集历程相对较短，但已可以表征切削阻力的变化情况，其余 20 组测试数据的切削位移均基本达到或超过 4m。

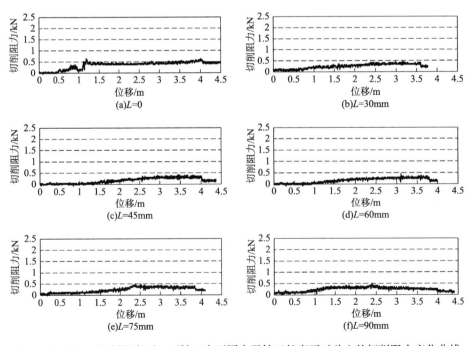

图 6－16　30mm 切削深度下 L 型铲刀在不同水平铲刀长度下对砂土的切削阻力变化曲线

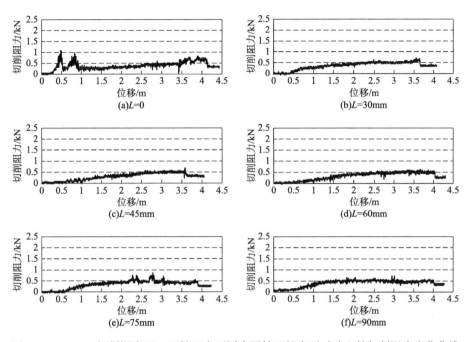

图6-17 60mm切削深度下L型铲刀在不同水平铲刀长度下对砂土的切削阻力变化曲线

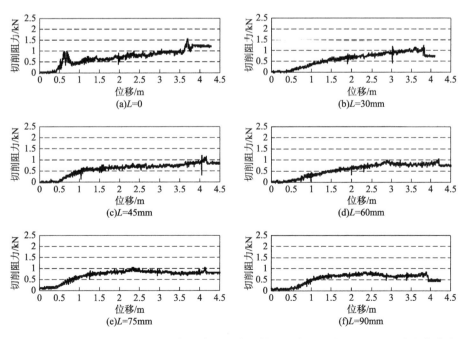

图6-18 90mm切削深度下L型铲刀在不同水平铲刀长度下对砂土的切削阻力变化曲线

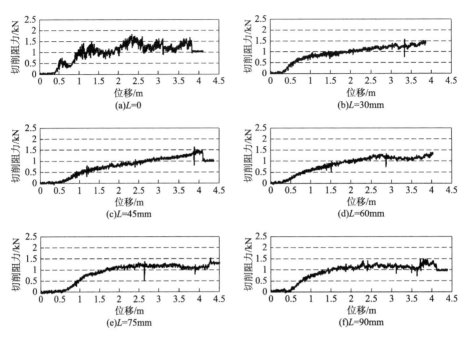

图6-19 120mm 切削深度下 L 型铲刀在不同水平铲刀长度下对砂土的切削阻力变化曲线

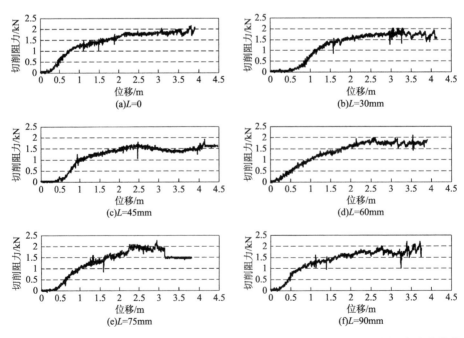

图6-20 150mm 切削深度下 L 型铲刀在不同水平铲刀长度下对砂土的切削阻力变化曲线

从试验数据结果可以看出，切削过程经历了切削阻力逐渐增加和基本稳定两个阶段，且两个阶段均在各试验数据中比较明显，相同切削深度下的切削阻力变化曲线具有相似的特征，这也是为什么所有数据分别进行绘制的原因，当同一深度的数据绘制在同一坐标系下时，曲线不易区分。

有两组试验数据在切削阻力逐渐增加阶段存在较大波动，但进入切削基本稳定阶段后，切削阻力变化基本稳定，这与切削装置自身的卡阻现象有一定关系。在切削即将完成的时候，部分切削试验数据的切削阻力有突变，这是由切削过程突然停止导致牵引钢丝绳出现的紧绷现象产生的，由于该切削阻力突变值大大超出稳定值，因此在后期的数据处理中不予考虑。

6.3.3　L 型铲刀切削砂土试验对比分析

不同铲刀结构的平均切削阻力随深度变化关系基本相似，均呈现随切削深度增加而增加的趋势，但增加趋势的变化率略有差异，如图 6 - 21 所示。相同切削深度下，将 L 型铲刀的平均切削阻力与 I 型铲刀的进行比较，只有切削深度为 90mm 且水平铲刀长度为 75mm 和切削深度为 150mm 且水平铲刀长度为 75mm 时这两种切削条件下的切削阻力略有

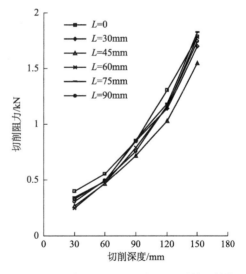

图 6 - 21　L 型铲刀对砂土切削时不同铲刀结构下平均切削阻力随切削深度变化曲线

增加，增加百分比分别约为 1.13% 和 2.14%，其余切削条件下，平均切削阻力较 I 型铲刀均减小，如图 6 - 22 所示。且从趋势上看，切削深度较小时，减小幅度相对较大，切削深度较大时，减小幅度相对较小，这表明水

平铲刀在切削深度较小时对切削阻力的影响比较显著。

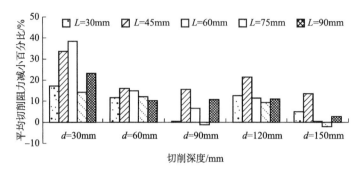

图 6 – 22　L 型铲刀对砂土切削时不同切削深度下平均切削阻力较 I 型铲刀减小百分比

　　计算出稳定切削阶段的平均切削阻力后，绘制出同一切削深度下切削阻力随水平铲刀长度的变化曲线，并将不同深度下的切削阻力变化曲线放置在同一坐标系内，如图 6 – 23 所示。从图中可以看出，相同切削深度下，平均切削阻力均可以被包络在一个区间内，30mm、60mm、90mm、120mm和 150mm 切削深度下包络区间的差值分别约为 0.145kN、0.089kN、0.143kN、0.280kN 和 0.280kN。切削深度较小时，该包络区间差值较小，当切削深度增加时，该包络区间差值增加，且该包络区间差值与切削阻力值相比，还是相对较小的，因此，也可以认为切削阻力在相同切削深度下比较接近，特别是切削深度为 60mm 时，不同水平铲刀长度下铲刀结构的切削阻力非常接近，从趋势上看，切削深度较小时，这一现象较为明显。

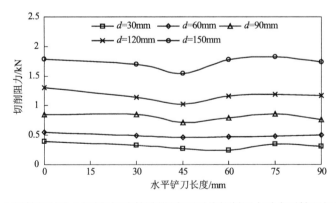

图 6 – 23　L 型铲刀对砂土切削时不同切削深度下平均切削阻力随水平铲刀长度变化曲线

在不同切削深度下，平均切削阻力随水平铲刀长度变化曲线还呈现相似的规律，即曲线变化的基本过程是平均切削阻力随着水平铲刀长度的增加先减小后增大，切削阻力随水平铲刀长度变化存在最小值。这里需要说明一下，部分水平铲刀为90mm时的切削阻力较水平铲刀75mm时略有下降，这是由试验过程中试验误差导致的，但该值并不影响切削阻力随水平铲刀长度变化的基本规律。

在上述相似变化规律的前提下，还发现一个更有趣的相似特征，就是在切削深度为60mm、90mm、120mm和150mm四种切削深度下，平均切削阻力达到最小值时，水平铲刀的长度均为45mm；虽然切削深度为30mm时，平均切削阻力达到最小值时，水平铲刀的长度均为60mm，但该切削深度下，水平铲刀为45mm时L型铲刀的平均切削阻力与最小值仅相差约0.02kN。因此，如果把30mm切削深度下切削阻力最小值时的水平铲刀长度用45mm代替，那么可以这样假设：L型铲刀对砂土切削，在不同切削深度下，平均切削阻力达到最小值时，水平铲刀长度应是一致的。这表明，L型铲刀对砂土进行切削时，不同切削深度下L型铲刀的最佳结构是相同的，因此，在工程实际应用中，可以设计统一结构的铲刀，从而实现改善切削阻力的目的。

6.4　L型铲刀在变切削倾角下对砂土切削试验

6.4.1　不同切削倾角下L型铲刀切削砂土试验参数确定

变切削倾角实际上是切削倾角在小于90°时的变化情况，这里选择了3种小于90°的切削倾角，分别是80°、70°和60°，具体结构如图6-24所示。在3种切削倾角下，试验均以120mm为切削深度进行。水平铲刀长度也根据试验的变化规律进行了适当调整，切削倾角为80°时，L型铲刀的水平铲刀选择了15mm、30mm、45mm和60mm四种长度；切削倾角为70°和

60°时，选择了 15mm、30mm 和 45mm 3 种长度。在比较试验结果时，仍选择 I 型铲刀在相同切削深度和切削倾角下的试验结果作为基础值进行比较。

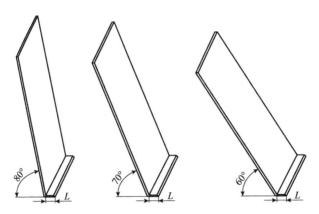

图 6 - 24   变切削倾角下切削砂土用 L 型铲刀结构图

6.4.2   不同切削倾角下 L 型铲刀切削砂土试验结果

变切削倾角下，根据对水平铲刀长度选取的调整，在 120mm 切削深度下共完成切削试验 10 组，其中 80°切削倾角下 4 组，70°和 60°切削倾角下各 3 组，试验结果如图 6 - 25 ～ 图 6 - 27 所示。试验结果测试数据有效，切削阻力变化曲线均遵循切削规律，且切削位移均超过 4m。

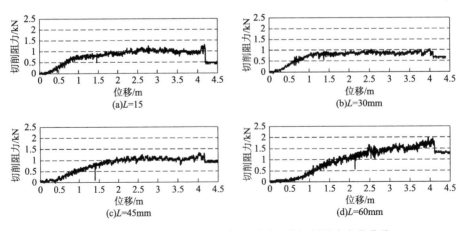

图 6 - 25   80°切削倾角下 L 型铲刀对砂土的切削阻力变化曲线

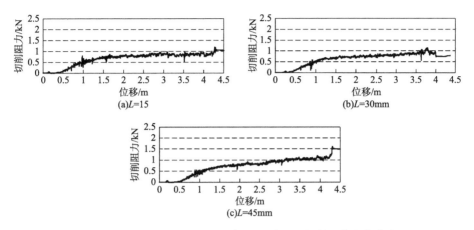

图 6 – 26　70°切削倾角下 L 型铲刀对砂土的切削阻力变化曲线

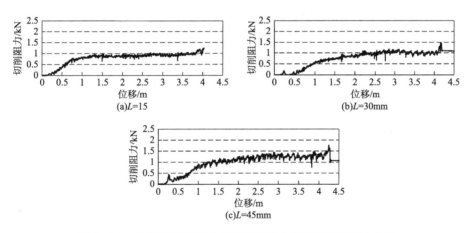

图 6 – 27　60°切削倾角下 L 型铲刀对砂土的切削阻力变化曲线

6.4.3　不同切削倾角下 L 型铲刀切削砂土试验对比分析

将 L 型铲刀在 90°切削倾角切削条件下的切削阻力随水平铲刀长度的变化曲线与上述三种切削倾角试验结果进行比较，如图 6 – 28 所示。当切削倾角为 90°和 80°时，切削阻力遵循"大 – 小 – 大"的变化规律，存在明显的极小值。切削倾角为 90°时，平铲刀长度为 45mm 时的切削阻力最小，其值为 1.027kN；切削倾角为 80°时，水平铲刀长度为 30mm 时切削的阻力最小，其值为 0.867kN。

当切削倾角为70°时，水平铲刀为0时的切削阻力为0.734kN；水平铲刀为15mm时的切削阻力为0.836kN；水平铲刀为30mm时的切削阻力为0.799kN；当水平铲刀达到45mm时，切削阻力值为0.924kN。比较结果可以看出，水平铲刀为30mm时的切削阻力小于水平铲刀为15mm时的切削阻力，但三种有水平铲刀条件的切削阻力均大于水平铲刀为0时的切削阻力，因此，该切削倾角下，切削阻力变化规律不显著，但从试验结果可以看出，当水平铲刀长度继续增加，切削阻力也必将增加。

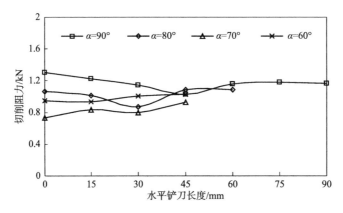

图6-28　L型铲刀对砂土切削时不同切削深度下平均切削阻力随水平铲刀长度变化曲线

切削倾角为60°时，水平铲刀为0时的切削阻力为0.948kN，水平铲刀长度为15mm时的切削阻力为0.931kN。虽然水平铲刀长度为15mm时的切削阻力略小于水平铲刀为0时的切削阻力，但仅相差0.017kN，考虑切削过程的试验误差，此时的切削阻力变化规律已不适合用"大-小-大"的变化规律来表征，当水平铲刀长度为45mm时，切削阻力增加到1.026kN，因此，该切削倾角下，可近似视为切削阻力随水平铲刀增加而增加。这表明，切削倾角小于60°时，加装水平铲刀将对切削过程产生不利影响，与级配土的切削规律相似，在对砂土的切削过程中，水平铲刀仍是在一定范围内对切削有益。

L型铲刀对砂土切削阻力的改善在90°和80°下较为明显：切削倾角为90°且水平铲刀长度为45mm时，L型铲刀切削阻力比I型铲刀减小约了21.4%；切削倾角为80°且水平铲刀长度为30mm时，L型铲刀切削阻力比

Ⅰ型铲刀减小约了 18.7%。与 5.4.3 节中级配土切削试验结果比较可以看出，L 型铲刀对砂土的切削阻力不仅影响程度减小，而且影响范围也相对较小，这与土的抗剪强度存在一定关系，砂土的抗剪强度小于级配土，因此，对切削阻力的影响程度和范围均减小。

7 不同作业介质条件下工作阻力对比

土的切削与推运介质复杂多变，在诸多相关试验研究中，为了保持作业介质的稳定性，往往会选择无黏聚力的砂土或者颗粒物为作业对象。这是由于此类介质的流动性好，而且土壤条件容易控制，但相同铲刀结构下在不同作业介质中的推运特性如何呈现需要进一步探讨。因此，仍需研究铲刀在不同作业介质中的推运特性，从而为铲刀结构设计与结构优化提供参考。为了探索铲刀结构在不同作业介质中的规律，选择3种物理特性不同的土为作业介质，定量化地分析了水平板长度变化对不同物理特性土壤推运平均工作阻力的影响。

7.1 作业介质与铲刀结构的确定

7.1.1 作业介质选择

这里仍然选择前面章节的作业介质——砂土和级配土开展试验。但砂土配置两种物理特性：一种为自然状态下阴干的干砂土；另一种为干砂土加水后，含水达到4.0%左右的湿砂土。级配土由50%砂土、20%旱砂和30%黄土构成，平均含水量在5.0%～6.0%之间。三种作业介质的物理特性如表 7 – 1 所示。

表 7 – 1 土物理特性

推运介质类型	干砂土	湿砂土	级配土
含水量/%	0	4.0	5.5
平均密度/(g/cm³)	1.52	1.55	1.62

文献[18]指出土的黏聚力随密度增大而增大，且干密度从 1.4g/cm³ 至 1.7g/cm³ 黏聚力明显增大。当法相压力为零时，抗剪强度等于黏聚力。因此，土的抗剪强度随密度增大而增大，两种作业介质在三种土条件下抗剪强度的大小关系为：干砂土最小，级配土最大，湿砂土介于二者之间。

对干砂土进行推运试验时，在试验完成后，直接回填、平整并进行人工压实，每次试验前进行密度测试。湿砂土与级配土在推运试验前，需要进行洒水和翻土作业，然后平整压实，并进行密度测试，完成推运试验后，重复前述过程，保证土密度和含水量控制在合理范围内。

7.1.2 铲刀结构的确定

开展推运试验的铲刀结构有两类：一类是平面铲刀；另一类是有水平板的平面铲刀，该铲刀根据结构形式，以下均称为 L 型铲刀。所有铲刀宽度均为 300mm，铲刀高度（纵向长度）为 500mm。在两种作业倾角 90°和 60°下开展推运试验，根据该试验方案，共设计了三组铲刀结构，如图7 – 1 所示。

其中图 7 – 1(a)是作业倾角为 90°时的铲刀结构，该组铲刀在三种土条件下开展推运试验；图 7 – 1(b)是作业倾角为 60°的铲刀结构，该组铲刀在干砂土和湿砂土中开展推运试验；图 7 – 1(c)亦是作业倾角为 60°的铲刀结构，该组铲刀是对平面铲刀进行了折弯后得到的，折弯处距刃缘水平面的纵向高度为 200mm，这是由于级配土抗剪强度相对较大，为保证铲刀的强度而采用了这样的设计方案，该组铲刀仅在级配土中开展推运试验。

所设计的 3 组铲刀结构，可以分为 2 类：一类是平面铲刀(无水平板的铲刀)，即图 7-1(a)(b)和(c)所示左侧铲刀；另一类是 L 型铲刀(有水平板的铲刀)，即图 7-1(a)(b)和(c)所示右侧铲刀。为了以水平板长度 L 为条件开展对比研究，将平面铲刀的水平板长度视为零($L=0$)。然后，L 型铲刀选择了水平板长度为 30mm 和 60mm 的 2 种结构，加上平面铲板(水平板长度 $L=0$)，共有 3 种不同水平板长度的铲刀在干砂土中开展土推运作业，也就是铲刀结构的水平板长度 $L=0$、$L=30$mm 和 $L=60$mm 的 3 种情况。

针对砂土和级配土确定的 3 种土条件，全部铲刀结构均在作业深度为 90mm 下开展土推运试验，所有试验的土推运速度恒定，均为 0.12m/s。由于试验装置结构的原因，针对干砂土和湿砂土的有效推运位移为 4m 左右，而针对级配土的有效推运位移为 2m 左右。

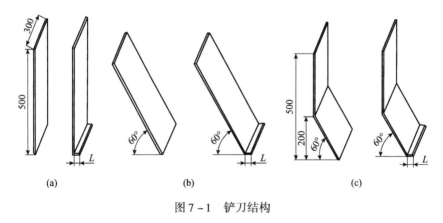

图 7-1 铲刀结构

7.2 切削与推运试验结果

针对 3 种作业介质的条件和 2 种作业倾角确定的 6 种作业工况，3 种铲刀共完成切削与推运试验 18 次。将相同作业介质条件和相同作业倾角下 3 种铲刀的推运试验结果视为一组，并把土推运工作阻力变化曲线绘制在一个坐标系中，得到 6 组工作阻力对比曲线，如图 7-2 所示(图中横坐标为位移，纵坐标为工作阻力）。图7-2(a)(b)(c)和(d)(e)(f)分别为3种铲刀对干砂土、湿砂土、级配土在90°和60°两种作业倾角下推运工作阻力的变化曲线。其中，实线、虚线和点画线分别表示$L=0$、$L=30$mm和$L=60$mm时的工作阻力变化曲线。

从试验结果可以看出，由于试验装置刚性框架长度不同，针对级配土推运试验的位移相对偏小，但推运作业过程都经历了工作阻力随位移逐渐增加和工作阻力基本稳定两个阶段。而针对干砂土和湿砂土的推运试验，工作阻力随位移逐渐增加和基本稳定两个阶段非常明显。其中，针对干砂土的6次推运试验中，有2次推运试验的位移小于4m，但大于3.5m（作业倾角90°下水平板长度$L=0$mm和$L=30$mm时对干砂土的推运试验），其余4次试验的推运位移均大于4m；针对湿砂土的6次试验的推运位移均超过4m；针对级配土的6次推运试验中，有1次试验的推运位移略小于2m（作业倾角60°时，$L=30$mm的作业条件下），还有1次试验的推运位移约1.75m（作业倾角60°时，$L=60$mm的作业条件下），其余4次试验的推运位移均大于2.2m。

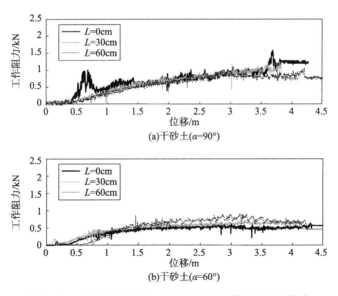

(a)干砂土($\alpha=90°$)

(b)干砂土($\alpha=60°$)

图7-2　不同土条件下3种铲刀推运工作阻力变化曲线

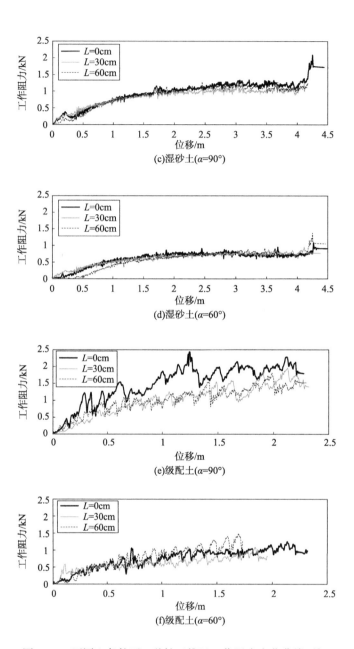

图 7-2　不同土条件下 3 种铲刀推运工作阻力变化曲线(续)

7.3　切削与推运试验分析讨论

7.3.1　作业倾角为90°时平均工作阻力的变化规律

为了开展对比研究，需要计算平均工作阻力。针对干砂土和湿砂土的推运试验，其平均工作阻力取位移 2.0 ~ 4.0m 之间的工作阻力的平均值；其中 2 次位移在 3.5 ~ 4.0m 之间的推运试验，其平均工作阻力取位移 2.0 ~ 3.5m 之间的工作阻力的平均值。针对级配土的推运试验，其平均工作阻力取位移 1.5 ~ 2.2m 之间的工作阻力的平均值，其余 2 次推运位移小于 2m 的推运试验，其平均阻力为位移 1.0m 到位移终点之间的工作阻力的平均值。首先，对作业倾角为90°时，不同土条件下平均工作阻力随水平板长度的变化规律进行对比，以水平板长度为横坐标，以平均工作阻力为总坐标，绘制平均工作阻力在不同作业倾角下随水平板长度变化的曲线。在 3 种土条件下，作业倾角为90°时平均工作阻力随水平板长度的变化规律如图 7 - 3 所示。以平面铲板对 3 种土推运的工作阻力为基础值，将 L 型铲刀的工作阻力值与之进行对比，其工作阻力减小百分比如图 7 - 4 所示。

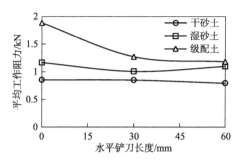

图 7 - 3　作业倾角为90°时平均工作阻力随水平板长度变化规律

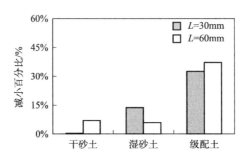

图 7 - 4 作业倾角为 90°时平均工作阻力减小百分比

从图 7 - 3 和图 7 - 4 可以看出：针对干砂土的推运作业，3 种铲刀的推运平均工作阻力比较接近，且水平板为 30mm 和 60mm 的 L 型铲刀分别使工作阻力减小了 0.4% 和 6.9%，因此，水平板长度对干砂土推运平均工作阻力的影响不大；针对湿砂土的推运作业，平均工作阻力随水平板长度增加呈现"先减后增"的变化规律，也就是水平板长度为 30mm 的铲刀对平均工作阻力的改善最为明显，且水平板为 30mm 和 60mm 的 L 型铲刀分别使工作阻力减小了 13.6% 和 5.8%，因此，L 型铲刀对湿砂土的推运作业具有一定影响；L 型铲刀对级配土进行推运作业时，平均工作阻力随水平板长度的增加而减小，且水平板为 30mm 和 60mm 的 L 型铲刀分别使工作阻力减小了 32.5% 和 37.2%，这表明 L 型铲刀在该土条件下可有效改善平均工作阻力，且水平板长度大的铲刀改善效果更佳。

7.3.2 作业倾角为 60°时平均工作阻力的变化规律

在 3 种土条件下，作业倾角为 60°时平均工作阻力随水平板长度的变化规律如图 7 - 5 所示，其工作阻力减小百分比如图 7 - 6 所示。

从图 7 - 5 和图 7 - 6 可以看出：铲刀对干砂土推运作业时，平均工作阻力随水平板长度的增加而增加，且水平板为 30mm 和 60mm 的 L 型铲刀分别使工作阻力增加了 21.0% 和 43.8%，这表明用 L 型铲刀对干砂土推运作业会产生不利影响；针对湿砂土的推运作业，L 型铲刀对湿砂土推运的平均工作阻力基本一致，且水平板为 30mm 和 60mm 的 L 型铲刀分别使工作阻力增加了 0.5% 和 0.9%，因此，水平板没有起到改善工作阻力的作

用。针对级配土的推运作业时，平均工作阻力随水平板长度的变化规律为
"先减后增"，水平板为 30mm 和 60mm 的 L 型铲刀分别使工作阻力减小了
25.3% 和 1.5%，即在 60°作业倾角下，L 型铲刀仍可在一定程度上改善工
作阻力。

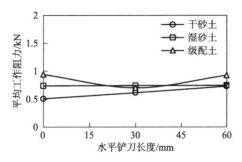

图 7-5　作业倾角为 60°时平均工作阻力随水平板长度变化规律

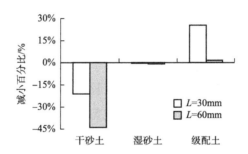

图 7-6　作业倾角为 60°时平均工作阻力减小百分比

7.3.3　L 型铲刀对不同土条件工作阻力改善的影响

从上述变化规律可以看出，平均工作阻力随水平板长度的变化在 3 种
土条件下存在显著区别，主要体现在 L 型铲刀对 3 种土推运工作阻力的改
善效果上。对干砂土推运作业的影响程度：当作业倾角为 90°时，影响很
小，当作业倾角为 60°时，存在不利影响。对湿砂土推运作业的影响程度：
当作业倾角为 90°时，存在有益影响，或当作业倾角为 60°时，影响很小。
对级配土推运作业的影响程度：当作业倾角为 90°时，具有显著影响，或
当作业倾角为 60°时，存在有益影响。根据 3 种土的抗剪强度的大小关系，

水平板对抗剪强度较大的土影响效果更为有益。其影响程度如表 7 – 2 所示。

表 7 – 2　L 型铲刀对不同土条件工作阻力改善的影响

作业条件	干砂土	湿砂土	级配土
$\alpha = 90°$	很小影响	一定有益影响	显著影响
$\alpha = 60°$	不利影响	很小影响	一定有益影响

对 L 型铲刀在 3 种土条件下进行综合比较可以发现：当作业倾角为 90°时，L 型铲刀在 3 种土条件下均在一定程度上改善了推运作业的平均工作阻力，L 型铲刀结构对 3 种土的推运过程均会产生有益影响；当作业倾角为 60°时，L 型铲刀针对级配土的推运作业仍具有一定有益影响，但对干砂土和湿砂土的推运作业导致工作阻力不降反增，且对干砂土推运作业产生显著不利影响。这表明水平板对推运作业的有益影响随着土抗剪强度的减小而显著弱化，即土抗剪强度小时，水平板对工作阻力的有益影响程度和影响范围较小，土抗剪强度较大时，水平板对工作阻力的改善效果较为明显，而且还可以看出水平板对抗剪强度较大土的有益影响范围也相对较大。因此，水平板的有益影响效果随着抗剪强度的增加而更为显著。从这一规律可以进一步推断，当土的抗剪强度更大时，这种有益影响程度将更为突出。因此，针对抗剪强度比较大的土，采用 L 型铲刀进行推运作业可以有效实现改善工作阻力的目的。

同时，从变化规律还可以看出：水平板在作业倾角较大时对工作阻力的改善较为明显，当作业倾角较小时，水平板对抗剪强度较小的干砂土和湿砂土会产生不利影响。这是由于干砂土和湿砂土的流动性相对较好，当作业倾角较小时，水平板的存在不能有效产生"死区"效益，反而会增加铲刀与土的接触面积。这里可以做一个极端假设予以说明，如果平面铲板以作业倾角为零对土进行重剪切作业，这时水平板的存在必将导致工作阻力的增加。此外，水平板长度不同时，对工作阻力的影响也存在差异，以级配土为例，当作业倾角为 60°时，水平板长度为 30mm 的 L 型铲刀对工作阻力改善最为明显，因此，水平板长度在不同作业条件下存在一个最优值。

7.3.4 水平板长度和土密度对工作阻力的影响

为了考虑不同因素的综合影响，采用和单因素分析相似的方法，将水平板长度和土密度视为变量，在三维坐标系中得到不同作业倾角下水平板长度和土密度对工作阻力的影响(图7-7)。其中，图7-7(a)为作业倾角90°时工作阻力与水平板长度和土密度的关系曲面，图中，点 A、点 B 和点 C 分别为3种土条件下不同铲刀结构推运作业的平均工作阻力最小值，将3点相连，可得一条空间折线，该空间折线在水平板长度和土密度的投影线为点 a、点 b 和点 c 的连线，该投影线可视为作业倾角90°时不同土密度下，L型铲刀的水平板长度最优匹配曲线。同理，图7-7(b)所示的由点 d、点 e 和点 f 相连的投影线为作业倾角60°时不同土密度条件下，L型铲刀的水平板长度最优匹配曲线。因此，在不同土条件下，可以根据最优匹配曲线选择合理的L型铲刀结构。

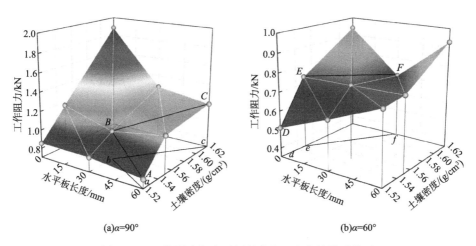

图7-7 工作阻力与水平板长度和土密度的关系曲面

8 土的推运质量测定方法

在一些工程作业中，推运是作业过程重要的组成部分。这样的作业过程，仅采用平均切削阻力最小作为评价指标是不全面的，而应该将切削过程中推运土质量也作为影响因素来考虑，因此，这里引入了质量阻力比的概念，采用该指标评价土推运过程是更为合理的方法。本章以砂土为切削对象，利用其良好的土流动特征，测定不同铲刀结构下铲刀前的土堆质量，以质量阻力比为评价指标对切削过程进行评价。

8.1 切削土流动特征分析

8.1.1 内部流动特征

土的内部流动在切削过程中无法直接被观测到，需要通过间接的手段获得，研究人员通常通过试验改进或者 DEM 等方法获得。Shmulevich[95]、Coetzee[67]、张锐[92]等采用透明沙箱进行试验，在侧面观测颗粒的内部流动，如图 8-1 所示。Tsuji[69]等采用 DEM 方法分析土的流动情况。从研究结果看，单个土颗粒的流动特征具有一定的随机性，但土整体还是存在一定规律的。内部流动还需要在试验研究或理论研究方面进行探索，寻找更直观有效的结论。

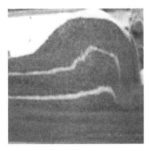

图 8 – 1　内部特征流动观测

通常采用透明沙箱结构的方法可以观察到土内部流动特征，但这种方法依然存在缺陷，其主要原因是沙箱透明边缘与铲刀的一个侧边在切削过程中始终贴合，这阻碍了土向沙箱透明边缘方向的流动，与实际切削情况存在一定差异，但这种也是唯一可以直接观测的一种方法。从内部流动来看，土首先是被挤压，在变形不断增加的情况下，开始向上隆起，继续切削土，隆起高度不断增加，切削刃缘位置底部的土逐渐向上流动，直到在铲刀前形成一个相对稳定的土堆形态。在实际切削过程中，铲刀最终使被切削土在其前端形成了山形隆起结构，随着铲刀的位移变化，山形隆起结构在两侧也呈渐变增大的特征，但对于不同土物理特性，其结构的形成内部流动特征仍存在差异。

8.1.2　外部流动特征

土的切削与推运过程的失效形式表现多样。实际上外部流动是在内部流动下产生的，通过观察，可以看到土的外部流动特征。随着切削量的增加，铲刀前方土堆不断增高，土的切削与推运过程逐渐趋于相对稳定，此时，土在铲刀推力和自身重力的作用下，产生可以观测到的外部流动，外部流动呈现一个特点，就是土将趋于最易流动的方向流动，而且土堆的外部流动在土的切削与推运的整个过程中始终存在，是一个动态变化过程。

外部流动虽然都是在土的切削与推运的动态过程中产生的，但整个流动过程都是被动的，且受土物理特性和外部条件的限制，因此，土的流动特性与土的物理特性密切相关。此外，土的流动特性也可以间接地表征土被切削的难易程度，以及土的切削与推运阻力的大小。研究土的流动规律，准确计算土流动形成几何形态的质量，可用于楔形死区的计算和质量阻力比的评估，是间接评估土的切削与推运力的一种手段，可以为土的切削与推运过程的能量消耗做出定性评价。

在特定的土物理特性条件下，分析土流动在铲刀前方和两侧形成土堆的实际质量，无法从试验中直接获取数据，需要通过间接测量手段，该测试系统就是通过测定土堆的几何特征，采用一种间接测量手段，通过测定土堆的几何形态和土密度，计算出土堆的实际质量，从而进一步分析切削和推运土的质量变化规律。

8.2　土堆积几何形态测试

8.2.1　土堆积几何形态

土的切削作业过程伴随着土的不断堆积现象，对窄板而言，该现象不太明显，对宽板，则土的堆积现象需要经历两个过程：一是土持续堆积过程，该过程在切削作业初始阶段，就是土在铲刀前不断增加；二是土稳定堆积过程，土持续堆积，铲刀达到最大切削阻力，土堆积过程趋于稳定。在不同切削条件下，土堆积达到稳定状态后，土堆形态具有相似特征，图8-2给出了一种实际切削过程中土的堆积形态。同一物理特性的土不同切削条件下的土堆积过程是相似的，土堆的几何形态也比较接近，但切削深度不同时，土堆几何外形大小有所不同，不同物理特性土的土堆积的几何形态还存在显著差异。

图 8 - 2　实际切削过程中的土堆堆积形态

8.2.2　土堆积几何形态测量理论

虽然铲刀前土的堆积过程是动态变化的，但铲刀对土的切削过程进入稳定阶段后，切削阻力在一个稳定值上下波动，因此土堆积的几何形态基本是稳定。但土堆积几何形态的动态过程较难测量，因此，这里对土堆积几何形态的测量指的是切削完成时土堆的几何形态。

针对铲刀前土堆积的实际形态，首先对其几何特征进行分析。为了准确描述土堆积的形态，这里引入土堆外轮廓的两条基线：一条是土与铲刀形成的上基线；另一条是土与地面形成的下基线。当土质量稳定时，这两条基线也基本是稳定的，在工程上对土方量的测量通常采用断面法和网格法，这里对切削土堆积几何形态的测量所采用的方法进行一下简要介绍。

（1）断面法

图 8 - 3 是横断面法的一个实例，将土堆进行切片分层，可以形成一系列土堆断面，断面所在轮廓线与土堆上基线有相似的线形特征。假设土堆上基线断面的截面积为 S，土堆下基线的最高点到铲刀的垂直距离为 L，沿切削方向对堆积土进行 n 等分横切，n 次横切断面的截面积分别为 S_1，S_2，$\cdots$，S_n，则土堆积的体积 V 的计算公式为：

$$V = \frac{L(S + S_1)}{2n} + \frac{L(S_1 + S_2)}{2n} + \cdots + \frac{L(S_{n-1} + S_n)}{2n} + \frac{LS_n}{3n} \quad (8-1)$$

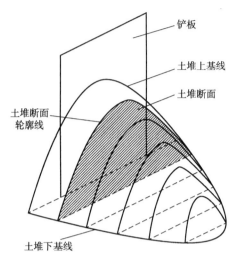

图 8-3 土堆横断面切分示意图

（2）网格法

网格法是断面法的进一步细化，在对堆积土进行横向切分的基础上，再进行纵向切分，假设沿纵向进行了 m 等分，则形成 $n \times m$ 个柱状体，如图 8-4 所示。本文在对土质量的计算时采用了该方法，根据网格的分割情况，计算出每一个柱状体的体积，并将每一个柱状体的土质量相加，就可以求得整个土堆的体积，计算公式为：

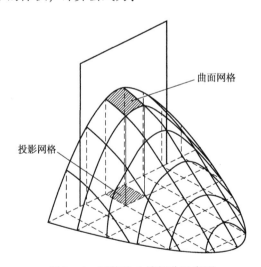

图 8-4 网格法土堆切分示意图

$$V = S[h_{11a} + h_{12a} + \cdots + h_{1na} + h_{21a} + h_{22a} + \cdots + h_{mna}] \quad (8-2)$$

式中，S 为网格投影面积。

$$h_{mna} = \frac{h_{mn} + h_{m(n+1)} + h_{(m+1)n} + h_{(m+1)(n+1)}}{4}$$

8.2.3 土堆积几何形态测试方法

无论是横断面还是纵断面都是视图假设的表述方式，断面的实际形态需要进行测量，其在空间的构成是由三维坐标点来确定的，假设以水平地面为基准，可以通过测量高程来表征断面几何形态。

因为标尺法较为直观，测量方法简单，所有本文对土堆几何形态高程的测量采用了标尺法。为获得切削完成后沟槽的几何形态，Salar 等[135] 和 Chen[136] 对农耕松土后的地垄就采用这种方法，如图 8-5 所示。从测试过程和测试方法看，对多个断面进行测量时相对比较复杂，但该方法的测试结果稳定可靠。

图 8-5 标尺测量法

虽然超声波法和激光测距法等手段也可以实现上述目的，但超声波对反射物的表面状态有一定要求，在以土为反射对象进行测试时，反射波的信号采集不稳定，因此部分测试数据存在较大误差；而激光测距虽然具有较好的适应性，特别是在实验室条件下尤为突出，但激光测距存在造价高的缺陷。本书对土质量的测量将标尺法与激光测距法结合起来，设计了一套激光网格式高程测量装置，测量装置如图 8-6 所示，装置主要包括一个框架结构、一组激光束发射头、一组测距标尺和一个照相机。

框架结构需要保证强度和刚度，尺寸与切削装置宽度配合，沿切削方向为 14 束，沿切削断面为 9 束，共交汇出 $14 \times 9 = 126$ 个激光点。将激光束间距设计为 80mm，交汇激光点所覆盖的平面空间为 1120mm × 720mm。

图 8 - 6　激光网格式高程测量装置

该平面基本可以覆盖土的切削与推运土堆所占平面。沿切削断面的 9 束激光分别对应 9 个测量标尺，用来测量同一切削断面上的 14 个点的高程。其中沿切削方向排序的第一束激光与铲刀和土的交接线对齐，使被切削土形成的土堆全部被网格覆盖，提高测量土堆外轮廓的准确度，从而减小土堆质量的测量误差。沿地面垂直向下方向和沿切削方向形成的激光网格如图 8 - 7 所示，得到高程数据后，可以根据式(8 - 2)计算土质量。

(a)平面网格　　　　　　　　　　(b)断面网格

图 8 - 7　激光网格

该方法现场测量也存在一定的困难，主要体现在高程测量时的标尺读数，由于数据量较大，为了方便数据采集，试验采用了照相方式进行数据处理。

8.2.4　土堆积质量试验验证

土堆积几何形态测量的最终目的是为了计算土堆积质量，在对试验装置进行验证时，采用反向思维的方法。首先，提前给出确定的土质量，然后将土以不同几何形态放置在空间中，采用网格法进行测量计算，得出一个土质量计算值，将该值与实际土质量进行比较，确定实际的测量误差。

具体测试方法为：模拟铲刀前土的实际几何形态，将土堆积在一块直角板处，采用试验装置进行测量。分别对质量为 12.8kg、25.6kg 和 38.4kg 的三堆土进行了标尺法测定，进行了 3 次读数，计算测试的土质量。3 次试验测量所计算得到的土质量分别为 14.9kg、23.4kg 和 38.1kg。误差对比表如表 8－1 所示，当土堆质量较小，也就是土堆积体积较小时，误差相对较大；当质量较大时，也就是土堆积体积较大时，计算测量误差与实测误差比较接近。从验证试验结果看，虽然该方法会存在一定误差，但质量较大时，其测量计算结果是可信的。

表 8－1　土堆积几何形态实际质量与测量计算质量对比表

实际质量/kg	12.8	25.6	38.4
测量计算质量/kg	14.9	23.4	38.1
测量误差/kg	2.1	-2.2	-0.3
误差百分比/%	16.4	8.6	0.7

8.3　质量测定方法

土密度测定采用了容积称重法，在相同容积下对土质量进行称重，试验所采用圆筒的容积为 1000cm²，圆筒的质量为 4658.5g。共进行了 6 组随机测量试验，切削试验开始前测量一次，切削试验完成后测量一次，在一次切削过程中在切削范围内取 2 个点进行质量测量，6 组数据测试具体数如表 8 - 2 所示。

表 8 - 2　砂土质量测定

测量次序	筒与砂土总质量/g	砂土质量/g
1	6199.4	1540.9
	6150.3	1491.8
2	6197.9	1539.4
	6138.7	1480.2
3	6196.8	1538.3
	6168.2	1509.2
4	6189.5	1531.0
	6196.6	1538.1
5	6199.2	1540.7
	6127.3	1468.8
6	6195.3	1536.8
	6134.4	1475.9
平均值	6174.4	1515.9

从表可以看出，试验测定的砂土质量，基本在一个范围内波动，除第4 组数据外，切削完成后相同容积的土质量略小于切削前的土质量，这是由于土的切削与推运完成后变得较为松散，但两次值相差不大。切削状态下密度均略有差异，这与土级配关系密切，当随机取样中大土颗粒较多时，土密度就相对较小，小土颗粒较多时，土密度就相对较大。因此，试验中密度测量的取样应该尽量减小测定偏差，试验测得的平均密度为 $1.52g/cm^3$，为了方便计算，本文对砂土土堆质量的计算均采用该值。

由于土具有流动性，直接称重的试验方法无实际操作可行性，虽然本文进行的试验研究是小土方量试验，但直接称重需要将铲刀前的推运土铲装称量，无法保证称重过程的准确性，会存在较大误差。在大土方称量作业时，直接称重法更是无法实现。为了测试铲刀前推运土的质量，这里采用间接测量的方法，即通过测量堆积土的体积和密度来计算出土堆积质量。3.4 节在介绍土体积测量装置的时候，介绍了两种测试方法，这两种测试方法可以测量铲刀前推运土的体积，将该体积乘以土密度即可间接获得土质量。

试验对土体积的测量采用自行设计的激光网格测距系统，通过网格法计算土体积，根据式(8－2)的体积计算公式，进一步可以得到质量计算公式：

$$M = \rho V = \rho S(h_{11a} + h_{12a} + \cdots + h_{1na} + h_{21a} + h_{22a} + \cdots + h_{mna}) \quad (8-3)$$

式中　ρ ——土密度，g/cm^3；

　　　V ——土体积，cm^3。

参考文献

[1]吴克宁，赵华甫，徐艳，等．土与文化间的辩证关系[J]．土壤通报，2010，(3)：733－737.

[2]李广信，张在明，沈小克，等．岩土工程篇[R]．土力学及岩土工程分会，2006.

[3]Fiorenzo Malaguti. Soil machine interaction in digging and earthmoving automation[A]. D. A. Chamberlain. Construction Automation and Robotics in Construction XI[C]. USA, Elsevier, 1994：187－191.

[4]ZHENG Jinyang, WU Linlin, SHI Jianfeng. Extreme pressure equipments[J]. Chinese Journal of Mechanical Engineering, 2011, 24(2)：202－206.

[5]N. B. McLaughlin, C. F. Drury, W. D. Reynolds, et al. Energy inputs for conservation and conventional primary tillage implements in a clay loam soil[J]. Transactions of the ASABE, 51(4)：1153－1163.

[6]林贵瑜，连晋华．机械式挖掘机设计与发展的几个问题探讨[J]．矿山机械，2006，34(12)：52－54.

[7]高月华，高振方，秦淑华．工程机械载荷谱及其测定方法[J]．工程机械，1979，(6)：36－42.

[8]高月华，高振方，秦淑华．R961型液压挖掘机斗杆载荷谱[J]．工程机械，1980，(9)：32－38.

[9]靖德权，俗杰新．半圆形铲斗挖掘过程的切削阻力分析[J]．东北工学院学报，1965，(03)：81－90.

[10]林就发．土的切削与推运[J]．工程机械，1965，(01)：46－48.

[11]林就发．土的切削与推运[J]．工程机械，1965，(06)：39－41.

[12](日)昭治郎．土的挖掘[J]．粮油加工与食品机械，1984，(12)：10－14.

[13](俄)В. Б. Елизаров．液压挖掘机土挖掘阻力的确定[J]．矿山机械，1989，(04)：55－57.

[14]诺拜特·沃斯卡，诺拜特沃斯卡，滑宝福．较难挖掘的松散岩石对轮斗挖掘机切

割力的影响[J]. 露天采矿, 1992, (02): 38 – 47.

[15] 黄俊峰, 于清海, 黄为钓. 挖掘机与土回转联系系统振动计算[J]. 吉林工学院学报, 1991, 12(02): 15 – 21.

[16] 丛茜, 王连成, 任露泉, 等. 鳞片形非光滑表面的仿生设计[J]. 吉林工业大学学报, 1998, 28(02): 12 – 17.

[17] 韩志武, 崔占荣, 任露泉. 非光滑仿生曲面形推土铲推土阻力试验研究[J]. 农业机械学报, 2002, 33(02): 125 – 126.

[18] 李因武, 李建桥, 任露泉. 模型铲刀表面的法向压力及其土黏附[J]. 农业机械学报, 2002, 33(06): 100 – 102.

[19] 郭志军, 周志立, 佟金, 等. 抛物线型切削面刀具切削性能二维有限元分析[J]. 2002, 23(04): 1 – 4.

[20] 郭志军, 周志立, 任露泉. 仿生弯曲形切削工具切削性能的二维有限元分析[J]. 2003, 39(9): 106 – 109.

[21] 任露泉, 丛茜, 吴连奎, 等. 仿生非光滑推土板减黏降阻的试验研究[J]. 农业机械学报, 1997, 28(2): 1 – 5.

[22] 张锐, 李建桥, 许述财, 等. 推土板切土角对干土动态行为影响的离散元模拟[J]. 吉林大学学报, 2007, 37(4): 822 – 827.

[23] 吴娜, 张伏, 佟金. 臭蜣螂唇基切土减阻的力学分析[J]. 农业机械学报, 2009, 40(10): 207 – 210.

[24] H. P. W. Jayasuriya, V. M. Salokhe. A review of soil-tine models for a range of soil conditions[J]. 2001, Journal of Agricultural Engineering Research, 79 (1), 1 – 13.

[25] Kawamura N. Study of the plough shape. Society of Agriculcultural Machinery Journal, 1952, 14(3), 65 – 71.

[26] Payne, P. C. J. The relationship between the mechanical properties of soil and the performance of simple cultivation implements[J]. Journal of Agricultural Engineering Research, 1956, 1(1): 23 – 50.

[27] Payne, P. C. J., D. W. Tanner. The relationship between rake angle and the performance of simple cultivation implements [J]. Journal of Agricultural Engineering Research, 1959, 4(4): 312 – 325.

[28] O'Callaghan, J. R., K. M. Farrelly. Cleavage of soil by tined implements[J]. Journal of Agricultural Engineering Research, 1964, 9(3): 259 – 270.

[29] Hettiaratchi, D. R. P. and A. R. Reece. Symmetrical three-dimensional soil failure[J]. Journal of Terramechanics, 1967, 4(3): 45 – 67.

[30] Hendrick, J. G., R. G. William. Soil reaction to high speed cutting[J]. Transaction of the ASAE, 1973, 16(3): 401 – 403.

[31] Sharifat, K., R. L. Kushwaha. Modelling soil movement by tillage tools[C]. ASAE 1998, St. Joseph, USA, 1998.

[32] 毛罕平, 桑正中, 邱晓明, 等. 土高速切削变形与破坏的研究[J]. 农业机械学报, 1992, 23(2): 94 – 98.

[33] Zhang, Z. X., R. L. Kushwaha. Operating speed effect on the advancing soil failure zone in tillage operation[J]. Canadian Agricultural Engineering, 1999, 41(2): 87 – 92.

[34] Wismer R D, Fertag D R, Schafer R L. Application of similitude to soil-machine systems [J]. Journal of Terramechanics, 1976, 13(3): 153 – 182.

[35] McKyes, E. Soil Cutting and Tillage[M]. 1985, Elsevier, Amsterdam, The Netherlands.

[36] Zeng, D, Y. Yao. Investigation on the relationship between soil shear strength and shear strain rate[J]. Journal of Terramechanics 1991, 28(1): 1 – 10.

[37] Yong R N, Hanna A W. Finite element analysis of plane soil cutting[J]. Journal of Terramechanics, 1977, 14(3): 103 – 125.

[38] Harison H P. Soil reaction from laboratory studies with an inclined blade[J]. Transactions of the ASAE, 1982, 25(1): 7 – 12.

[39] Perumpral J V, Grisso R D, Desai C S A. Soil tool model based on limit equilibrium analysis[J]. Transactions of the ASAE, 1983, 26(4): 991 – 995.

[40] Swick W C, Perumpral J V. A model for predicting dynamic soil tool interaction[C]. Proceedings of International Conference on Soil Dynamics, Auburn, USA, 1985.

[41] Liu Yan, Hou Zhi Min. Three – dimensional non-linear finite element analysis of soil cutting by narrow blades[C]. Proceedings of International Conference on Soil Dynamics. Auburn, USA. 1985.

[42] Rajaram G, Erbach D C. Soil failure by shear versus modification by tillage: a review [J]. Journal of Terramechanics, 1997, 33(6): 265 – 272.

[43] Rajaram G, Gee-Clough D. Force-distance behavior of tine implements[J]. Journal of Agricultural Engineering Research, 1988, 41(2): 81 – 98.

[44] Sharma V K. Soil-tool interactions for tools of simple shape in dry sand[C]. AIT D. Eng. Dissertation, Bangkok, Thailand, 1990.

[45] Sharma V K, Singh G, Gee-Clough D. Soil-tool interactions in sand[C]. Proceedings of the Tenth International Conference of the ISTVS, Kobe, . Japan, 1990.

[46] Sharma V K, Singh G, Gee-Clough D. Soil failure caused by flat tines in sand. Part – 1. Rake angles 50 – 90[J]. Agricultural Engineering Journal, 1992, 1(2): 71 – 91.

[47] Wang JinJun. Stress-strain relationship in wet clay soil and some applications. AIT D. Eng. Dissertation. Bangkok, Thailand, 1991.

[48] Salokhe V M, Pathak B K. Effect of aspect ratio on soil failure pattern generated by vertical at tines at low strain rates in dry sand[J]. Journal of Agricultural Engineering Research, 1992, 53(3), 169 – 180.

[49] Makanga J T, Salokhe VM, Gee-CloughD. Effect of tine rake angle and aspect ratio on soil failure patterns in dry loam soil[J]. Journal of Terramechanics, 1996, 33(5), 233 – 252.

[50] Jayasuriya H P W. Modelling soil-tine interactions in lateritic soils. AIT D. Eng. Dissertation, Bangkok, Thailand, 1999.

[51] O. B. Aluko, H. W. Chandler. Characterisation and Modelling of Brittle Fracture in Two-dimensional Soil Cutting[J]. Biosystems Engineering, 2004, 88 (3): 369 – 381.

[52] R. Yousefi Moghaddam, A. Kotchon, M. G. Lipsett. Method and apparatus for on-line estimation of soil parameters during excavation[J]. Journal of Terramechanics, 2012, 49: 173 – 181.

[53] 孙祖望, 李太杰, 姚怀新. 路拌式土稳定机械工作过程动力学的研究与数学物理模拟方法[J]. 中国公路学报, 1991, 4(1): 32 – 42.

[54] Shen, J. and R. L. Kushwaha. Soil-Machine Interactions: A Finite Element Perspective. 1998. Saskatoon, Saskatchewan: Marcel Dekker Inc.

[55] Xin Li, J. Michael Moshell. Modeling Soil: Realtime Dynamic Models for Soil Slippage and Manipulation[C]. SIGGRAPH 93 Proceedings of the 20th annual Conference on Computer Graphics & Interactive Techniques, New York, US, 1993.

[56] 张招祥, 余群. 冻土切削力学特性的试验和理论分析[J]. 冰川冻土, 1994, 16(02): 104 – 112.

[57] 鲍继武, 吴兴壮. 冻土切削试验系统[J]. 工程机械, 1994(08): 31 – 32.

［58］S. A. Miedema, Ma Yasheng. The cutting of water saturated sand at large cutting angles ［C］. Conference：Dredging02, Orlando, USA, 2014.

［59］S. A. Miedema. The cutting mechanisms of water saturated sand at small and large cutting angles［C］. International Conference on Coastal Infrastructure Development-Challenges in the 21st Century. HongKong, 2004.

［60］S. A. Miedema. The cutting of water saturated sand, the final solution［C］. WEDAXXV & TAMU37, New Orleans, USA, 2005.

［61］S. A. Miedema. New developments of cutting theories with respect to dredging the cutting of clay & rock［C］. WEDA XXIX & Texas A&M 40. Phoenix Arizona, USA, 2009.

［62］S. A. Miedema, J. He, MSc. The existence of kinematic wedges at large cutting angles ［C］. Proc. WEDA XXII Technical Conference & 34th Texas A&M Dredging Seminar, Denver, Colorado, USA, 2014.

［63］L. Q. Ren, Z. W. Han, J. Q. Li, et al. Experimental investigation of bionic rough curved soil cutting lade surface to reduce soil adhesion and friction［J］. Soil & Tillage Research, 2006, 85：1 − 12.

［64］Wenfeng Ji, Donghui Chen, Honglei Jia, et al. Experimental Investigation into Soil-Cutting Performance of the Claws of Mole Rat (Scaptochirus moschatus)［J］. Journal of Bionic Engineering, 2010, 7 Suppl：S166 − S171.

［65］王耀华, 孙拯王, 新晴. 土的可切削性［J］. 工程兵工程学院学报, 1991, (03)：10 − 19.

［66］陈国安, 孙拯. 小型单斗液压挖掘机铲斗形状研究［J］. 工程兵工程学院学报, 1991, (03)：78 − 80.

［67］陈进, 吴俊, 李维波, 等. 大型液压正铲挖掘机工作装置有限元分析及应力测试 ［J］. 中国工程机械学报, 2007, 5(2)：198 − 203.

［68］陈进, 李维波, 张石强, 等. 大型矿用正铲液压挖掘机挖掘阻力试验研究［J］. 中国机械工程, 2008, 19(5)：518 − 521.

［69］王久聪, 李奎贤, 张辉. 挖掘机挖掘阻力的试验研究［J］. 工程机械, 1992, (11)：21 − 49.

［70］R. H. King, P. Van Susante, M. A. Gefreh. Analytical models and laboratory measurements of the soil-tool interaction force to push a narrow tool through JSC − 1A lunar simulant and Ottawa sand at different cutting depths［J］. Journal of Terramechanics, 2011,

48：85 – 95.

[71] Gerald B. Sanders, William E. Larson. Integration of In-Situ Resource Utilization into lunar/Mars exploration through field analogs[J]. Advances in Space Research, 2011 (47)：20 – 29.

[72] Allen Wilkinson, Alfred DeGennaro. Digging and pushing lunar regolith：Classical soil mechanics and the forces needed for excavation and traction[J]. Journal of Terramechanics, 2007, 44：133 – 152.

[73] Michael Bucek, Juan H. Agui, Xiangwu Zeng. Experimental measurements of excavation forces in lunar soil test[C]. 11th ASCE Aerospace Division Conference on Engineering, Construction, and Operations in Challenging Environments, California, USA, 2008.

[74] Juan H. Agui, R. Allen Wilkinson. Granular flow and dynamics of lunar simulants in excavating implements[C]. 11th ASCE Aerospace Division Conference on Engineering, Construction, and Operations in Challenging Environments, California, USA, 2008.

[75] Paul J. van Susante, Chris B. Dreyer. Lunar and planetary excavation prototype development and testing at the colorado school of mines[C]13th ASCE Aerospace Division Conference on Engineering, Construction, and Operations in Challenging Environments, California, 2010.

[76] K. Johnson, C. Creager, A. Izadnegahdar. Development of Field Excavator with Embedded Force Measurement.

[77] Alex Green, Kris Zacny, Juan Pestana. Investigating the Effects of Percussion on Excavation Forces[J]. Journal of Aerospace Engineering, 2013. 26：87 – 96.

[78] 冯忠绪, 陈镰. 土振动特性及其在工程机械中的应用[J]. 筑路机械与施工机械化, 1987, (01)：20 – 23.

[79] T. Kobayashi, H. Ochiai, R. Fukagawa, et al. A proposal for estimating strength parameters of lunar surface from Soil Cutting Resistances[C]. 10th Biennial International Conference on Engineering, Construction, and Operations in Challenging Environments and Second NASA/ARO/ASCE Workshop on Granular Materials in Lunar and Martian Exploration, Texas, USA, 2006.

[80] Osamu Kanai, Hisashi Osumi, Shigeru Sarata. Autonomous scooping of a rock pile by a wheel loader using disturbance observer[C]. ISARC2006, USA, 2006.

[81] 殷涌光, 程悦荪, 李俊明. 振动式二维切削土减小阻力机理[J]. 农业机械学报,

1992, (02): 11 – 16.

[82] William Richardson-Little, Christopher Damaren. Position Accommodation and Compliance Control for Robotic Excavation[J]. Journal of Aerospace Engineering, 2008, 27 (1): 27 – 34.

[83] 朱建新, 胡火焰, 赵崇友. 液压挖掘机振动掘削实现原理及试验研究[J]. 矿山机械, 2007, 35(5): 64 – 66.

[84] 朱建新, 胡火焰, 等. 铲斗振动掘削岩土分析与岩土固有频率的估测方法[J]. 中南大学学报, 2007, 38(3): 507 – 511.

[85] 朱建新, 郭鑫, 赵崇友. 液压挖掘机振动掘削减阻机理研究[J]. 岩土力学, 2007, 28(8): 1605 – 1608.

[86] Subrata Karmakar. Numerical modeling of soil flow and pressure distribution on a simple tillage tool using computational fluid dynamics[D]. In the Department of Agricultural and Bioresource Engineering, University of Saskatchewan.

[87] H. Bentaher, A. Ibrahmi, E. Hamza, et al. Finite element simulation of moldboard-soil interaction[J]. Soil & Tillage Research, 2013, 134: 11 – 16.

[88] Ahad Armin, RezaFotouhi, Walerian Szyszkowski. On the FE modeling of soil-blade interaction in tillage operations[J]. Finite Elements in Analysis and Design, 2014, 92: 1 – 11.

[89] A. A. Tagar, Ji Changying, Jan Adamowski, et al. Finite element simulation of soil failure patterns under soil bin and field testing conditions[J]. Soil & Tillage Research, 2015, 145: 157 – 170.

[90] 陆怀民, 张云廉, 刘晋浩. 土的切削与推运弹粘塑性有限元分析[J]. 岩土工程学报, 1995, 17(2): 100 – 104.

[91] 陆怀民. 切土部件与土相互作用的粘弹塑性有限元分析[J]. 土木工程学报, 2002, 35(6): 79 – 81.

[92] 马爱丽, 廖庆喜, 田波平, 等. 基于 ANSYSLS_ DYNA 的螺旋刀具土的切削与推运的数值模拟[J]. 2009, 28(2): 248 – 252.

[93] 周明, 张国忠, 许绮川, 等. 土直角切削的有限元仿真[J]. 2009, 28(4): 491 – 494.

[94] 夏俊芳, 贺小伟, 余水生, 等. 基于 ANSYS/LS – DYNA 的螺旋刀辊土的切削与推运有限元模拟[J]. 2013, 29(10): 34 – 41.

[95] I. Shmulevich , Z. Asaf, D. Rubinstein. Interaction between soil and a wide cutting blade using the discrete element method[J]. Soil & Tillage Research, 2007, 97: 37 – 50.

[96] J. Mak, Y. Chen, M. A. Sadek. Determining parameters of a discrete element model for soil-tool interaction[J]. Soil & Tillage Research, 2012, 118: 117 – 122.

[97] Ikuya Ono, Hiroshi Nakashima, Hiroshi Shimizu, et al. Investigation of elemental shape for 3D DEM modeling of interaction between soil and a narrow cutting tool[J]. Journal of Terramechanics, 2013, 50: 265 – 276.

[98] Elvis López Bravo, Engelbert Tijskens, Miguel Herrera Suárez, et al. Prediction model for non-inversion soil tillage implemented on discrete element method[J]. Computers and Electronics in Agriculture, 2014, 106: 120 – 127.

[99] C. J. Coetzee a, D. N. J. Els, G. F. Dymond. Discrete and continuum modelling of excavator bucket filling[J]. Journal of Terramechanics, 2010, 47: 33 – 44.

[100] C. J. Coetzee, D. N. J. Els. Calibration of granular material parameters for DEM modeling and numerical verification by blade-granular material interaction[J]. Journal of Terramechanics, 2009, 46: 15 – 26.

[101] C. J. Coetzee, D. N. J. Els. The numerical modelling of excavator bucket filling using DEM[J]. Journal of Terramechanics, 2009, 46: 217 – 227.

[102] Martin Obermayr , Klaus Dressler, Christos Vrettos, et al. Prediction of draft forces in cohesionless soil with the Discrete Element Method[J]. Journal of Terramechanics, 2011, 48: 347 – 258.

[103] T. Tsuji, Y. Nakagawa, N. Matsumoto. 3 – D DEM simulation of cohesive soil-pushing behavior by bulldozer blade[J]. Journal of Terramechanics, 2012, 49: 37 – 47.

[104] 潘君拯. 流变型土应力 – 应变 – 时间图及其应用[J]. 镇江农业机械学院学报, 1982, (2): 1 – 4.

[105] 钱定华, 张际先. 土对金属材料黏附和摩擦研究状况概[J]. 农业机械学报, 1984, (1): 69 – 78.

[106] 张际先, 李耀明, 桑正中. 黏土对固体材料的黏附和摩擦[J]. 江苏工学院学报, 1985, (1): 1 – 9.

[107] 张际先, 桑正中, 高良润. 土对固体材料黏附和摩擦性能的研究[J]. 农业机械学报, 1986, 1: 32 – 40.

[108]姚践谦. 铲取阻力的理论分析[J]. 江西冶金学院学报, 1985, 3: 1 – 11.

[109]姚践谦, 乐晓斌. 插入机理与插入阻力的新理论[J]. 南方冶金学院学报, 1989, 10(1): 40 – 45.

[110]Brian M. Willman, Walter W. Boles. Soil-tool interaction theories as they apply to lunar soil stimulant[J]. Journal of Aerospace Engineering, 1995, 8: 88 – 99.

[111]李广信, 张丙印, 于玉贞. 土力学(第2版)[M]. 清华大学出版社.

[112]杨士敏. 推土机作业过程中推土阻力的测量[J]. 工程机械, 1995, (3): 20 – 21.

[113]Young Bum Kim, Junhyoung Ha, Hyuk Kang, et al. Dynamically optimal trajectories for earthmoving excavators[J]. Automation in Construction. 2013, 35: 568 – 578.

[114]Thomas H. Langer, Thorkil K. Iversen, Niels K. Andersen, et al. Reducing whole-body vibration exposure in backhoe loaders by education of operators[J]. International Journal of Industrial Ergonomics. 2012, 42(3): 304 – 311.

[115]徐希民, 黄宗益. 铲土运输机械设计[M]. 北京: 机械工业出版社, 1989: 5 – 20.

[116]S. A. Miedema1. New Developments Of Cutting Theories With Respect To Dredging The Cutting Of Clay & Rock[C]. WEDA XXIX & Texas A&M 40. Phoenix Arizona, USA, June 14 – 17 2009.

[117]X. Chen, S. A. Miedema, C. van Rhee. Numerical Modeling of Excavation Process in Dredging Engineering[J]. Procedia Engineering 102 (2015) 804 – 814.

[118]O. B. Aluko1, H. W. Chandler. Characterisation and Modelling of Brittle Fracture in Two-dimensional Soil Cutting[J]. Biosystems Engineering, 2004, 88 (3): 369 – 381.

[119]李广信. 高等土力学[M]. 清华大学出版社, 北京, 2004.

[120]S. R. Ashrafizadeh, R. L. Kushwaha. Soil failure model in front of a tillage tool action-a review[J]. CSAE/SCGR 2003 Meeting, Montréal, Canada, 2003.

[121]Karl Terzaghi. Theoretical Soil Mechanics[M]. John Wiley & Sons, Inc, New York, 1943.

[122]McKyes E, Ali O S. The cutting of soil by narrow blades[J]. Journal of Terramechanics, 1977, 14(2): 43 – 58.

[123]Godwin, R. J., G. Spoor. Soil failure with narrow tines[J]. Journal of Agricultural Engineering Research, 1977, 22(4): 213 – 228.

[124] A. P. Onwualu, K. C. Watts. Draught and vertical forces obtained from dynamic soil cutting by plane tillage tools[J]. Soil & Tillage Research, 1998, 48：239 – 253.

[125] Yang Qinsen, Sun Shuren. A Soil-Tool Interaction Model For Bulldozer Blades[J]. Journal of Terramechanics, 1994, 31(2)：55 – 65.

[126] 倪利伟. 推土板触土曲面内在几何与力学特性研究[D]. 洛阳：河南科技大学, 2015.

[127] R. J. Godwin, M. J. O'Dogherty. Integrated soil tillage force prediction models[J]. Journal of Terramechanics, 2007, 44：3 – 14.

[128] 崔占荣, 李建桥, 李因武, 等. 不同工作介质中模型铲刀推土阻力的变化规律[J]. 吉林大学学报, 2003, 33(3)：9 – 13.

[129] 陈波. 土动态切削的试验研究[J]. 筑路机械与施工机械化, 2000, 17(85)：11 – 12.

[130] 刘述学, 金万钧, 郭凌汾, 等. 土的切削与推运试验装置及干砂切削阻力的测定[J]. 工程机械, 1982, (12)：48 – 52.

[131] A. Hemmat, A. R. Binandeh, J. Ghaisari, et al. Development and field testing of an integrated sensor for on-the-go measurement of soil mechanical resistance[J]. Sensors and Actuators A：Physical. 2013, 198：61 – 68.

[132] 翟力欣, 姬长英, 丁启朔. 流变态土的切削与推运试验用室内土槽与测试系统设计[J]. 农业机械学报, 2010, 41(7)：45 – 49.

[133] 吕彭民, 贺雨田, 桂发君, 等. 一种土的切削与推运阻力测试试验装置[P]. 中国专利：CN204556429U, 2015 – 08 – 12.

[134] 姚文斌, 张蔚, 门全胜. 钢丝绳张力标定试验台的研制[J], 机械设计, 2003, 20：199 – 200.

[135] M. R. Salar, A. Esehaghbeygi, A. Hemmat. Soil loosening characteristics of a dual bent blade subsurface tillage[J]. Soil & Tillage Research, 2013, 134：17 – 24.

[136] Ying Chen, Lars J. Munkholm, Tavs Nyord. A discrete element model for soil-sweep interaction in three different soils[J]. Soil & Tillage Research, Soil & Tillage Research, 2013, 126：34 – 41.

[137] R. J. Godwin. A review of the effect of implement geometry on soil failure and implement forces[J]. Soil & Tillage Research, 2007, 97：331 – 340.

[138] R. J. Godwin, G. Spoor, M. S Somroo. The effect of tine arrangement on soil forces and

disturbance[J]. Journal of Agricultural Engineering Research, 1984, 29, 47 −56.

[139]O'Callaghan, J. R. K. M. Farrelly. Cleavage of soil by tined implements[J]. Journal of Agricultural Engineering Research, 1964, 9(3): 259 −270.

[140]Fielke, J. M. Finite element modelling of the interaction of the cutting edge of tillage implements with soil[J]. Journal of Agricultural Engineering Research, 1999, 74: 91 − 101.

[141]P. N. Wheeler, WR. J. Godwin. Soil Dynamics of Single and Multiple Tines at Speeds up to 20 km/h[J]. 1996, 63: 243 −250.

[142]Stephane Blouin, Ahmad Hemami, Mike Lipsett. Review of resistive force models for earthmoving processes[J]. Journal of Aerospace Engineering, 2001, 14(3): 102 − 111.